高等数学教学模式与方法探究

宋玉军　周　波 ◎ 著

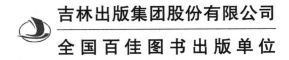

吉林出版集团股份有限公司

全国百佳图书出版单位

图书在版编目（CIP）数据

高等数学教学模式与方法探究 / 宋玉军，周波著
. -- 长春 ：吉林出版集团股份有限公司，2022.5
ISBN 978-7-5731-1486-0

Ⅰ．①高… Ⅱ．①宋… ②周… Ⅲ．①高等数学—教学
研究 Ⅳ．①O13

中国版本图书馆CIP数据核字(2022)第070107号

GAODENG SHUXUE JIAOXUE MOSHI YU FANGFA TANJIU

高等数学教学模式与方法探究

著　者	宋玉军　周　波
责任编辑	田　璐
装帧设计	朱秋丽
出　版	吉林出版集团股份有限公司
发　行	吉林出版集团青少年书刊发行有限公司
地　址	吉林省长春市福祉大路 5788 号
电　话	0431-81629808
印　刷	北京昌联印刷有限公司
版　次	2022 年 5 月第 1 版
印　次	2022 年 5 月第 1 次印刷
开　本	787 mm×1092 mm　1/16
印　张	10.25
字　数	206 千字
书　号	ISBN 978-7-5731-1486-0
定　价	58.00元

前　言

随着我国经济水平的提升，我国高等教育领域也在不断发展，高校作为培养综合型人才的主要场所，其教育教学水平将会对我国的人才质量产生直接影响。在高校教育教学工作中，高等数学作为高校学生的必修课程之一，具有公共性与复杂性，部分学生在数学领域缺乏天赋，难以对高等数学课程产生兴趣。除此之外，部分文管类学生认为高等数学课程与专业联系不大，从而忽视此类课程的学习。

高等数学课程是一门高等学校各专业学生必修的重要公共基础课程。随着社会的进步和科学技术的发展，传统的高等数学课程的教学模式及教学方法已经不能满足学校各专业对学生的教学要求，这样就促使高等数学课程教学模式及教学方法进行改革创新。

随着科学技术的发展，在高等数学课程教学中，我们与时俱进，不仅可以灵活地应用多媒体与板书相结合的教学方式，通过具体的实际案例，建立相应的数学模型，进行课堂教学，还可以利用线上网络资源共享课、雨课堂、学习通、QQ、微信等网络工具，进行线上讨论、答疑、作业、测试等辅助教学。这样既可以激发学生的学习兴趣，还可以大大提高学生运用高等数学知识去解决实际问题的能力。

由于高等数学课程的教学模式与教学方法都进行了改革，自然也需要相应的考核方式的改革。所以我们采用了多元化的考核方式，即学生的最终成绩包括三部分：期末成绩、期中成绩、平时成绩。平时成绩又包括线下与线上的视频、签到、讨论、作业、测验的成绩。这样的考核方式可以从多个方面考核学生的学习情况，不仅提高了学生全面参与线下线上各个教学环节的积极性，还可以让学生养成自主学习的良好风气，培养他们的探索创新能力，从而真正反映出学生的综合学习效果。

目　录

第一章 高等数学教学的基本理论

第一节 数学教学的发展概论

21世纪是一个科技快速发展、国际竞争日益激烈的时代，科技竞争归根结底是人才的竞争。培养和造就高素质的科技人才已经成为全世界各国教育改革中的一个非常重要的目标。我国适时地在全国范围内开展了新课程改革。社会在发展，科技在进步，大学是培养高素质人才的摇篮，大学数学教育也必须满足社会快速发展的需要，所以新课程的教育理念、价值及内容都在不断地进行改革。

一、数学的发展历史

数学课常使人产生一种错觉：数学家几乎理所当然地在制定一系列的定理，使得学生被淹没在成串的定理中。从课本的叙述中，学生根本无法感受到数学家所经历的艰苦漫长的求证道路，感受不到数学本身的美。而通过数学史，教师可以让学生明白：数学并不枯燥呆板，而是一门不断进步的生动有趣的学科。所以，在数学教育中应该有数学史表演的舞台。

（一）东方数学发展史

在东方国家中，数学在古中国的摇篮里逐渐成长起来，中国的数学水平可以说是数一数二的，是东方数学的研究中心。

古人的智慧不容小觑，在祖先的逐步摸索中，我们见识了老祖宗从结绳记事到"书契"，再到写数字。春秋时期，人类能够书写3000以上的数字。逐渐地，他们意识到了仅仅能够书写数字是不够的，于是便产生了加法与乘法的萌芽。与此同时，数学开始出现在书籍上。

战国时期则出现了四则运算，《荀子》《管子》《逸周书》中均有不同程度的记载。乘除的运算在公元4—5世纪的《孙子算经》中有了较为详细的描述。筹的出现可谓中国数学史上的一座里程碑，在《孙子算经》中记载了其具体算数的方法。

《九章算术》的出现可以说将中国数学推到了一个顶峰地位。它是古中国第一部专门阐述数学的著作，是"算经十书"中最重要的部分。后世的数学家在研习数学时，多以《九章算术》启蒙。数学在隋唐时期就传入了朝鲜、日本。其中最早出现了负数的概念，远远领先于其他国家。遗憾的是，从宋末到清初，由于频繁的战争，统治的思想理念等种种原因，中国的数学走向了低谷。然而，在此期间，西方的数学迅速发展，西方数学的成长将我国数学甩得很远。不过，我国也并非止步不前，比如，至今很多人还在用的算盘，以及出现的很多口诀及相关书籍。

16 世纪前后，西方数学被引入中国，中西方数学开始有了交流，然而好景不长，清政府闭关锁国的政策让中国的数学家再一次坐井观天，只得对之前的研究成果继续钻研。这之后鸦片战争的失败、洋务运动的兴起，让数学中西合璧，此时的中国数学家虽然也取得了一些成就，如幂级数等。然而，中国的数学已经相当落后。20 世纪 30 年代陈省身、华罗庚等人出国学习数学。此时的中国数学，已经带有了现代主义色彩。中华人民共和国成立之后，我国百废待兴，数学界也没有什么建树。随着郭沫若先生《科学的春天》的发表，数学才开始有了起色，但我国的数学水平已然落后于世界。

（二）西方数学发展史

古希腊是四大文明古国之一，其数学发展在当时可谓万众瞩目。各学派做出的突出贡献改变了世界。最早出现的学派是以泰勒斯为代表的爱奥尼亚学派，以毕达哥拉斯为代表的毕达哥拉斯学派，还有以芝诺为代表的悖论学派。在雅典有柏拉图学派，柏拉图推崇几何，并且培养出许多优秀的学生，为人熟知的有亚里士多德，亚里士多德的贡献并不比他的老师少。亚里士多德创办了吕园学派，逻辑学即为吕园学派所创立，同时也为欧几里得的《几何原本》奠定了基础。《几何原本》是欧洲数学的基础，被认为是历史上最成功的教科书。它以逻辑推理的形式贯彻全书。哥白尼、伽利略、笛卡尔、牛顿等都受《几何原本》的影响，而创造出了伟大的成就。

阿拉伯数学于 8 世纪兴起，15 世纪衰落，是伊斯兰国家建立的数学，阿拉伯数学的主要成就有一次方程解法、三次方程几何解法、二项展开式的系数等。13 世纪时，纳速拉丁首先从天文学里把三角分割出来，让三角学成为一门独立的学科。从 12 世纪时起，阿拉伯数学渐渐渗透到了西班牙和欧洲。

到了 17 世纪，数学的发展实现了质的飞跃，笛卡儿在数学中引入了变量，成为数学史上的一个重要转折点；英国科学家和德意志数学家分别独立创建了微积分。继解析几何创立后，数学从此开拓了以变数为主要研究方向的新领域，它就是我们所熟知的"高等数学"。

（三）数学发展史与数学教学活动的整合

在计数方面，中国采用算筹，而西方则运用了字母计数法。不过受文字和书写用具的约束，各地的计数系统有很大差异。希腊的字母数系简明、方便，蕴含了序的思想，但在变革方面很难有所提升，因此希腊实用算数和代数长期落后，而算筹在起跑线上占得了先机。不过随着时代的进步，算筹的不足之处也表露出来。自古以来，我国是农业大国，数学也基本上为农业服务，《九章算术》所记录的问题大多与农业相关。而中国古代等级制度森严，研究数学的大多是一些官职人员。数学的发展与国家的繁荣昌盛息息相关。在西方，数学文化始终处于主导地位。随着经济的发展需要，对计算的要求日渐提高，富足的生活使得人们有更多的时间从事一些理论研究，各个的学派学者，乐于思考问题解决问题，不同于东方的重农抑商，西方的商业发展大大推进了数学的发展。

将数学发展史有计划、有目的、和谐地与数学教学活动进行整合是数学教学中的一项细致、深入而系统的工作，而非将一个数学家的故事或是一个数学发展史中的曲折事例放到某一个教学内容的后面那么简单。数学史要与教学内容在思想、观念上，从整体上、技术上保持一致性。学习研读数学史将使我们获得思想上的启迪、精神上的陶冶，因为数学史不仅能体现数学文化的丰富内涵、深邃思想、鲜明个性，还能从科学的思维方式、思想方法、逻辑规律等角度，培养人们科学睿智的智慧和头脑。数学史是丰富的、充盈的、智慧的、凝练的和深刻的，数学史在中学数学教学中的结合和渗透，是当前中学数学教学特别是高中数学教学应予重视和认真落实的一项教学任务。

1. 数学史有助于教师和学生形成正确的数学观

纵观数学历史的发展，数学观经历了由远古的"经验论"到欧几里得以来的"演绎论"，再到现代的"经验论"与"演绎论"相结合而致"拟经验论"的认识转变过程。数学认识的基本观念也发生了根本的变化，由柏拉图学派的"客观唯心主义"发展到了数学基础学派的"绝对主义"，又发展到拉卡托斯的"可误主义""拟经验主义"以及后来的"社会建构主义"。

因此，教师要为学生准备的数学，也就是教师要进行教学的数学就必须是：作为整体的数学，而不是分散、孤立的各个分支。数学教师所持有的数学观，与他在数学教学中的设计思想、与他在课堂讲授中的叙述方法以及他对学生的评价要求都有密切的联系。数学教师传递的细微信息，都会对学生今后认识数学，以及应用数学产生深远的影响，也就是说，数学教师的数学观往往会影响学生数学观的形成。

2. 数学史有利于学生从整体上把握数学

数学教材的编写由于受诸多限制，教材往往按定义—公理—定理—例题的模式编写。

这实际上是将表达的思维与实际的创造过程颠倒了，这往往使学生形成一种错觉：数学的体系结构完全经过锤炼，已成定局。数学彻底地被人为地分为一章一节，好像成了一个个各自独立的堡垒，各种数学思想与方法之间的联系几乎难以找到。与此不同，数学史中对数学家的创造思维活动过程有着真实的历史记录，学生从中可以了解到数学发展的历史长河，鸟瞰每个数学概念、数学方法与数学思想的发展过程，把握数学发展的整体概貌。这可以帮助学生把握自己所学知识在整个数学结构中的地位、作用，便于学生形成知识网络，形成科学系统。

3. 数学史有利于激发学生的学习兴趣

兴趣是推动学生学习的内在动力，决定着学生能否积极、主动地参与学习活动。笔者认为，如果能在适当的时候向学生介绍一些数学家的趣闻逸事或一些有趣的数学现象，无疑会激发学生学习兴趣。如阿基米德专心于研究数学问题而丝毫不知死神的降临，当敌方士兵用剑指向他时，他竟然只要求等他把还没证完的题目完成了再害他。又如当学生知道了如何作一个正方形，使其面积等于给定正方形两倍后，告诉他们倍立方问题及其神话起源——只有造一个两倍于给定祭坛的立方祭坛，太阳神阿波罗才会息怒。这些材料的引入，无疑会让学生体会到数学并不是一门枯燥呆板的学科，而是一门不断进步的生动有趣的学科。

4. 数学史有利于培养学生的思维能力

数学史在数学教育中还有着更高层次的运用，那就是对学生数学思维的培养。"让学生学会像数学家那样思维，是数学教育所要达到的目的之一。"数学一直被看成是思维训练的有效学科，数学史则为此提供了丰富而有力的材料。如，我们知道毕氏定理有370多种证法，有的证法简洁漂亮，让人拍案叫绝；有的证法迂回曲折，让人豁然开朗。每一种证法，都是一条思维训练的有效途径。如球体积公式的推导，除我国数学家祖冲之的截面法外，还有阿基米德的力学法和旋转体逼近法、开普勒的棱锥求和法等。这些数学史实的介绍都是非常有利于拓宽学生视野、培养学生全方位的思维能力的。

5. 数学史有利于提高学生的数学创新精神

数学素养是作为一个有用的人应该具备的文化素质之一。米山国藏曾指出：学生们在初中、高中接受的数学知识，因毕业进入社会后几乎没有什么学习机会，所以通常是走出校门后不到一两年，很快就忘掉了。然而不管他们从事什么业务工作，那些深刻地铭刻于头脑中的数学精神、数学思维方法、数学研究方法、数学推理方法和着眼点等，却随时随地发生作用，使他们受益终身。

二、我国高等数学教学的改革概况

高等数学作为一门基础学科，已经广泛渗透到自然科学和社会科学的各个分支，为科学研究提供了强有力的手段，使科学技术获得了突飞猛进的发展，也为人类社会的发展创造了巨大的物质财富和精神财富。高等数学作为高校的一门必修基础课程，为学生学习后继的专业课程和解决现实生活中的实际问题提供了必备的数学基础知识、方法和数学思想。近年来，虽然高等数学课程的教学已经进行了一系列的改革，但受传统教学观念的影响，仍存在一些问题，这就需要教育工作者，尤其是数学教育工作者，在这方面进行不懈的探索、尝试与创新。

（一）高校高等数学教学的现状

1. 近年来，由于不断的扩招，学生的学习水平和能力变得参差不齐。

2. 教师对数学的应用介绍得不到位，与现实生活严重脱节，甚至没有与学生后继课程的学习做好衔接，从而给学生一种"数学没用"的错觉。

3. 高校在高等数学教学中教学手段相对落后，很多教师抱着板书这种传统的教学手段不放，在课堂上不停地说、写和画，总怕耽误了课程进度。在这种教学方式的束缚下，学生思考和理解很少，不少学生对复杂、冗长的概念、公式和定理望而生畏，难以接受，渐渐地，教学缺乏了互动性，学生也失去了学习的兴趣。

（二）高等数学教学的改革措施

1. 高等数学与数学实验相结合，激发学生的学习兴趣

传统的高等数学教学中只有习题课，没有数学实验课，这不利于培养学生利用所学知识和方法解决实际问题的能力。如果高校开设数学实验课，有意识地将理论教学与学生上机实践结合起来，变抽象的理论为具体的实践，使学生由被动接受转变为积极主动参与，激发学生学习本课程的兴趣，培养学生的创造精神和创新能力。在实验课的教学中，可以适量介绍 MATLAB、MATHEMATICA、LINGO、SPSS、SAS 等数学软件，使学生在计算机上学习高等数学，加深对基本概念、公式和定理的理解。比如，教师可以通过实验演示函数在一点处的切线的形成，以加深学生对导数定义的理解；还可以通过在实验课上借助 MATHEMATICA 强大的计算和作图功能，来考查数列的不同变化情况，从而让学生对数列的不同变化趋势获得较为生动的感性认识，加深对数列极限的理解。

2. 合理运用多媒体辅助教学手段，丰富教学方法

我国已经步入大众化的教育阶段，在高校高等数学课堂教学信息量不断增大，而教学课时不断减少的情况下，利用多媒体进行授课便成为一种新型的和卓有成效的教学手段。

利用多媒体技术服务于高校的高等数学教学，改善了教师和学生的教学环境，教师不必浪费时间用于抄写例题等工作，将更多的精力投入教学的重点、难点的分析和讲解中，不但增加了课堂上的信息量，还提高了教学效率和教学质量。教师在教学实践中采用多媒体辅助教学的手段，创设直观、生动、形象的数学教学情景，通过计算机图形显示、动画模拟、数值计算及文字说明等，形成了一个全新的图文并茂、声像结合、数形结合的教学环境，加深了学生对概念、方法和内容的理解，有利于激发学生的学习兴趣和思维能力，从而改变了以前较为单一枯燥的讲解和推导的教学手段，使学生积极主动地参与到教学过程中。例如，教师在引入极限、定积分、重积分等重要概念，介绍函数的两个重要极限、切线的几何意义时，不妨通过计算机作图对极限过程做一下动画演示；讲函数的傅立叶级数展开时，通过对某一函数展开次数的控制，观看其曲线的拟合过程，学生会很容易接受。

3. 充分发挥网络教学的作用，建立教师辅导、答疑制度

随着计算机和信息技术的迅速发展，网络教学的作用日益重要，逐渐成为学生日常学习的重要组成部分。教师的教学网站、校园教学图书馆等，是学生经常光临的第二课堂。每个学生都可以上网查找、搜索自己需要的资料，查看教师的电子教案，并通过电子邮件、网上教学论坛等相互交流与探讨。教师可以将电子教案、典型习题解答、单元测试练习、知识难点解析、教学大纲等发布到网站上供学生自主学习，还可以在网站上设立一些与数学有关的特色专栏，向学生介绍一些数学史知识、数学研究的前沿动态以及数学家的逸闻趣事，激发学生学习数学的兴趣，启发学生将数学中的思想和方法自觉应用到其他科学领域。

对于学生在数学论坛、教师留言板中提出的问题，教师要及时解答，并抽出时间集中辅导，共同探讨，通过形成制度和习惯，加强教师的责任意识，引导学生深入钻研数学内容，这对学生学习的积极性和学习效果有着重要影响。

4. 在教学过程中渗透专业知识

如果高等数学教学中只是一味地讲授数学理论和计算，而对学生后继课程的学习毫不重视，就会使学生感到厌倦，学习积极性就不高，教学质量就很难保证。任课教师可以结合学生的专业知识进行讲解，培养学生运用数学知识分析和处理实际问题的能力，进而提升学生的综合素质，满足后继专业课程对数学知识的需求。比如，教师在机电类专业学生的授课中，第一堂课就可以引入电学中几个常用的函数；在导数概念之后立即介绍电学中几个常用的变化率（如电流强度）模型的建立；作为导数的应用，介绍最大输出功率的计算；在积分部分，加入功率的计算；等等。

总之，高等数学教学有自身的体系和特点，任课教师必须转变自己的思想，改进教学方法和手段，提高教学质量，充分发挥高等数学在人才培养中的作用。

第二节　弗赖登塔尔的数学教育思想

弗赖登塔尔（1905—1990）是荷兰著名的数学家和数学教育家，公认的国际数学教育权威，他于 20 世纪 50 年代后期发表的一系列教育著作在当时的影响遍及全球。虽历经半个多世纪的历史洗涤，但弗翁的教育思想在今天看来依然熠熠生辉、历久弥新。

一、弗赖登塔尔数学教育思想的认识

弗赖登塔尔的数学教育思想主要体现在对数学的认识和对数学教育的认识上。他认为数学教育的目的应该是与时俱进的，并应针对学生的能力来确定；数学教学应遵循创造原则、数学化原则和严谨性原则。

（一）弗赖登塔尔对数学的认识

1. 数学发展的历史

弗赖登塔尔强调："数学起源于实用，它在今天比以往任何时候都更有用。但其实，这样说还不够，我们应该说：倘若无用，数学就不存在了。"从其著作的论述中我们可以看到，任何数学理论的产生都有其应用需求，这些"应用需求"对数学的发展起到了推动作用。弗赖登塔尔强调：数学与现实生活的联系，其实也就要求数学教学从学生熟悉的数学情景和感兴趣的事物出发，从而更好地学习和理解数学，并要求学生做到学以致用，利用数学来解决实际问题。

2. 现代数学的特征

（1）数学的表达。弗赖登塔尔在讨论现代数学特征的时候首先指出它的现代化特征是："数学表达的再创造和形式化的活动。"其实数学是离不开形式化的，数学更多时候表达的是一种思想，具有含义隐性、高度概括的特点，因此需要这种含义精确、高度抽象、简洁的符号化表达。

（2）数学概念的构造。弗赖登塔尔指出，数学概念的构造是典型的通过"外延性抽象"实现"公理化抽象"。现代数学越来越趋近于公理化，因为公理化抽象对事物的性质进行分析和分类，能给出更高的清晰度和更深入的理解。

（3）数学与古典学科之间的界限。弗赖登塔尔认为："现代数学的特点之一是它与诸古典学科之间的界限模糊。"首先现代数学提取了古典学科中的公理化方法，然后将其渗透到整个数学中；其次是数学也融入别的学科之中，一些看起来与数学无关的领域也体现了一些数学思想。

（二）弗赖登塔尔对数学教育的认识

1. 数学教育的目的

弗赖登塔尔围绕数学教育的目的进行了研究和探讨，他认为数学教育的目的应该是与时俱进的，而且应该针对学生的能力来确定。他特别研究了以下几个方面：

（1）应用。

弗赖登塔尔认为："应当在数学与现实的接触点之间寻找联系。"而这个联系就是数学应用于现实。数学课程的设置也应该与现实社会联系起来，这样学习数学的学生才能够更好地走进社会。其实，从现在计算机课程的普及可以看出弗赖登塔尔这一看法是经得起实践考验的。

（2）思维训练。

弗赖登塔尔对"数学是不是一种思维训练"这一问题感到棘手，尽管其意愿的答案是肯定的。但更进一步，他曾给大学生和中学生提出了许多数学问题，其测试的结果是，在受过数学教育以后，学生们对那些数学问题的看法、理解和回答均大有长进。

（3）解决问题。

弗赖登塔尔认为：数学之所以能够得到高度的评价，其原因是它解决了许多问题。这是对数学的一种信任。而数学教育自然就应当把"解决问题"作为其又一目的，这其实也是实践与理论的一种结合。其实从现在的评价与课程设计中都可以看出这一数学的教育目的。

2. 数学教学的基本原则

（1）再创造原则。弗赖登塔尔指出："将数学作为一种活动来进行解释和分析，建立这一基础之上的教学方法，我称之为再创造方法。"再创造是整个数学教育最基本的原则，适用于学生学习过程的不同层次，应该使数学教学始终处于积极的状态。笔者认为"情景教学"与"启发式教学"就遵循了这么一种原则。

（2）数学化原则。弗赖登塔尔认为：数学化不仅仅是数学家的事，也应该被学生所学习，用数学化组织数学教学是数学教育的必然趋势。他进一步强调："没有数学化就没有数学，特别是没有公理化就没有公理系统，没有形式化也就没有形式体系。"这里，可以看出弗赖登塔尔对夸美纽斯倡导的"教一个活动的最好方法是演示，学一个活动最好的方法是做"是持赞同意见的。

（3）严谨性原则。弗赖登塔尔将数学的严谨性定义为："数学可以强加上一个有力的演绎结构，从而在数学中不仅可以确定结果是否正确，而且甚至可以确定结果是否已经正确地建立起来。"而且严谨性是相对于具体的时代、具体的问题来做出判断；严谨性有不同的层次，每个问题都有相应的严谨性层次，要求老师教学生通过不同层次的学习来理解并获得自己的严谨性。

二、弗赖登塔尔数学教育思想的现实意义

今天我们重温弗赖登塔尔的教育思想，发现新课程倡导的一些核心理念，在弗翁的教育论著中早有深刻阐述。因此，领会并贯彻弗翁教育思想，对于今天的课堂教学仍然深具现实意义。身处课程改革中的数学教育同仁们，理当把弗翁的教育思想奉为经典来品味咀嚼，从中汲取丰富的思想养料，获得教学启示，并能积极践行其教育主张。

（一）"数学化"思想的内涵及其现实意义

弗赖登塔尔把"数学化"作为数学教学的基本原则之一，并指出："……没有数学化就没有数学，没有公理化就没有公理系统，没有形式化也就没有形式体系。……因此数学教学必须通过数学化来进行。"弗翁的"数学化"，一直作为一种优秀的教育思想影响着数学教育界人士的思维方式与行为方式，对全世界的数学教育都产生了极其深刻的影响。

何为"数学化"？弗翁指出："笼统地讲，人们在观察现实世界时，运用数学方法研究各种具体现象，并加以整理和组织的过程，我称之为数学化。"同时他强调数学化的对象分为两类，一类是现实客观事物，另一类是数学本身。以此为依据，数学划分为横向数学化和纵向数学化。横向数学化指对客观世界进行数学化，它把生活世界符号化，其一般步骤为：现实情境—抽象建模——一般化—形式化。今天新授课倡导的教学模式就是遵循这四个阶段进行的。纵向数学化是指横向数学化后，将数学问题转化为抽象的数学概念与数学方法，以形成公理体系与形式体系，使数学知识体系更系统、更完美。

目前一些教师或许是教育观念上还存在偏差，或许是应试教育大环境引发的短视功利心的驱动，常把数学化（横向）的四个阶段简约为最后一个阶段，即只重视数学化后的结果——形式化，而忽略得到结果的"数学化"过程本身。斩头去尾烧中段的结果，是学生学得快但忘得更快。弗赖登塔尔批评道：这是一种"违反教学法的颠倒"。也就是说，数学教学绝不能仅仅灌输现成的数学结果，而是要引导学生自己去发现和得出这些结果。许多大家持同样观点，美国心理学家戴维斯就认为："在数学学习中，学生进行数学学习的方式应当与做研究的数学家类似，这样才有更多的机会取得成功。"笛卡

儿与莱布尼兹说:"……知识并不是只来自一种线性的,从上演绎到下的纯粹理性……真理既不是纯粹理性,也不是纯粹经验,而是理性与经验的循环。"康德说:"没有经验的概念是空洞的,没有概念的经验是不能构成知识的。"

"纸上得来终觉浅,绝知此事要躬行","数学化"方式使学生的知识源自现实,也就容易在现实中被触发与激活。一方面,"数学化"过程能让学生充分经历从生活世界到符号化、形式化的完整过程,积累"做数学"的丰富体验,收获知识、问题解决策略、数学价值观等多元成果。另一方面,"数学化"对学生的远期与近期发展兼具重大意义。从长远看,要使学生适应未来的职业周期缩短、节奏加快、竞争激烈的现代社会,使数学成为整个人生发展的有用工具,就意味着数学教育要给学生除知识外的更加内在的东西,这就是数学的观念、数学的意识。因为学生如果不是在与数学相关的领域工作,他们学过的具体数学定理、公式和解题方法大多是用不上的,但不管从事什么工作,从"数学化"活动中获得的数学式思维方式与看问题的着眼点、把现实世界转化为数学模式的习惯、努力揭示事物本质与规律的态度等等,却会随时随地发生作用。

张奠宙先生曾举过一例,一位中学毕业生在上海和平饭店做电工,从空调机效果的不同,他发现地下室到 10 楼的一根电线与众不同,现需测知其电阻。在别人因为距离长而感到困难的时候,他想到对地下室到 10 楼的三根电线进行统一处理。在 10 楼处将电线两两相接,在地下室分三次测量,然后用三元一次方程组计算出了需要的结果。这位电工后来又做过几次类似的事情,他也因此很快得到了上级的赏识与重视。这位电工这样解决问题,并不完全是由于他曾经做过类似的数学题,而是得益于他有数学的意识。在现实生活中,有了数学式的观念与意识,我们就总想把复杂问题转化为简单问题,就总是试图揭示出面临问题的本质与规律,就容易经济高效地处理问题,从而凸显出卓尔不群的才干,进而提高我们的工作与生活品质。

从近期讲,经历"数学化"过程,让学生亲历了知识形成的全过程,且在获取知识的过程中,学生要重建数学家发现数学规律的过程,其中探究中对前行路径的自主猜测与选择、自主分析与比较、在克服困境中的坚守与转化、在发现解决问题的方法时获得的智慧满足与兴奋、在历经挫折后对数学式思维的由衷欣赏,以及由此产生的对于数学情感与态度方面的变化,无一不是"数学化"带给学生生命成长的丰厚营养。波利亚说:"只有看到数学的产生,按照数学发展的历史顺序或亲自从事数学发现时,才能最好地理解数学。"同时,亲历形成过程得到的知识,在学生的认知结构中一定处于稳固地位,记忆持久、调用自如、迁移灵活,从而十分有利于学生当下应试水平的提高。除知识外,学生在"数学化"活动中将收获包含数学史、数学审美标准、元认知监控、反思调节等多元成果，这些内容不仅有益于加深学生对数学价值的认识，更有益于增强学生的内部学习动机，增强用数学的意识与能力，这绝不是只向学生灌输成品数学所能达到的效果。

（二）"数学现实"思想的内涵及其现实意义

新课程倡导引入新课时，要从学生的生活经验与已有的数学知识处创设情境，这种观点，早在半个世纪前的弗翁教育论著中已一再涉及。弗翁强调，教学"应该从数学与它所依附的学生亲身体验的现实之间去寻找联系"，并指出，"只有源于现实关系，寓于现实关系的数学，才能使学生明白和学会如何从现实中提出问题与解决问题，如何将所学知识更好地应用于现实"。弗翁的"数学现实"观告诉我们，每个学生都有自己的数学现实，即接触到的客观世界中的规律以及有关这些规律的数学知识结构。它不但包括客观世界的现实情况，也包括学生使用自己的数学能力观察客观世界所获得的认识。教师的任务在于了解学生的数学现实并不断地扩展提升学生的"数学现实"。

"数学现实"思想，让我们知晓了创设情境的真正教学意图及创设恰当情境对于教学的重要意义。首先，情境应该源于学生的生活常识或认知现状，前者的引入方式可以摆脱机械灌输概念的弊端，现实情境的模糊性与当堂知识联系的隐蔽性更有利于学生进行"数学化"活动，有利于学生主意自己拿、方法自己找、策略自己定，有利于学生逐步积淀生成正确的数学意识与观念，后者是学生进行意义建构的基本要求。其次，教师有效教学的必要前提，是了解学生的数学现实，一切过高与过低的、与学生数学现实不吻合的教学设计必定不会有好的教学效果。由此我们也就理解了新数运动失败的一个重要原因，是过分脱离了学生的数学现实；同时也就理解了为什么在课改之初，一些课堂数学活动的"幼稚化"会遭到一些专家的诟病，就是因为没有紧贴学生的数学现实。"如果我不得不把全部教育心理学还原为一条原理的话，我将会说，影响学习的唯一最重要因素是学习者已经知道了什么。"奥苏贝尔的话恰好也道出了"数学现实"对教学的重要意义。

（三）"有指导的再创造"思想的内涵及其现实意义

1. "有指导的再创造"中"再"的意义及启示

弗赖登塔尔倡导按"有指导的再创造"的原则进行数学教学，即要求教师为学生提供自由创造的广阔天地，把课堂上本来需要教师传授的知识、需要浸润的观念变为学生在活动中自主生成、缄默感受的东西。弗翁认为，这是一种最自然、最有效的学习方法。这种以学生的"数学现实"为基础的创造学习过程，是让学生的数学学习重复一些数学发展史上的创造性思维的过程。但它并非亦步亦趋地沿着数学史的发展轨迹，让学生在黑暗中慢慢地摸索前行，而是通过教师的指导，让学生绕开历史上数学前辈曾经陷入的困境和僵局，避免走他们在前进道路上所走过的弯路，浓缩前人探索的过程，依据学生现有的思维水平，沿着一条改良修正的道路快速前进。所以，"再创造"的"再"的关键是教学中不应该简单重复当年的真实历史，而是要结合当初数学史的发明发现特点，结合教材内容，更要结合学生的认知现实，致力于历史的重建或重构。弗翁的理由是："数学家从来不按照他们发现、创造数学的真实过程来介绍他们的工作，实际上经过艰苦曲折的思维推理获得的结论，他们常常以'显而易见'或是'容易看出'轻描淡写地一笔带过；而教科书则做得更彻底，往往把表达的思维过程与实际创造的进程完全颠倒，因而完全阻塞了'再创造的通道'。"

我们不难看到，今天的许多常规课堂，教师由于课时紧、自身水平有限、工作负担重、应试压力大等原因，常常喜欢用开门见山、直奔主题的方式来进行，按"讲解定义—分析要点—典例示范—布置作业"的套路教学，学生则按"认真听讲—记忆要点—模仿题型—练习强化"的方式日复一日地学习。然而，数学课如果总是以这样的流程来操作，学生失去的，将是亲身体验知识形成中对问题的分析、比较，对解决问题中策略的自主选择与评判，对常用手段与方法的提炼反思的机会。杜威说："如果学生不能筹划自己解决问题的方法，自己寻找出路，他就学不到什么，即使他能背出一些正确的答案，百分之百正确，他还是学不到什么。"其实，学习数学家的真实思维过程对学生数学能力的发展至关重要。张乃达先生说得好："人们不是常说，要学好学问，首先就要学做人吗？在数学学习中，怎样学习做人？学做什么样的人？这当然就是要学做数学家！要学习数学家的人品。而要学做数学家，当然首先就要学习数学家的眼光！"这只能从数学家"做数学"的思维方式中去学习。

德·摩根就提倡这种"再创造"的教学方式。他举例说，教师在教代数时，不要一下子把新符号都解释给学生，而应该让学生按从完全书写到简写的顺序学习符号，就像最初发明这些符号的人一样。庞加莱认为："数学课程的内容应完全按照数学史上同样内容的发展顺序展现给读者，教育工作者的任务就是让孩子的思维经历其祖先之所经历，迅速通过某些阶段而不跳过任何阶段。"波利亚也强调学生学习数学应重新经历人类认识数学的重大几步。

例如，从1545年卡丹讨论虚数并给出运算方法，到18世纪复数广为人们接受，经历了两百多年时间，其间包括大数学家欧拉都曾认为这种数只存在于"幻想之中"。教师教授复数时，当然无须让学生重复当初人类发明复数的艰辛漫长的历程，但可以把复数概念的引入，也设计成当初数学家遇到的初始问题，即"两数的和是10、积是40，求这两个数"，让学生面临当初数学家同样的困窘。这时教师让学生了解从自然数到正分数、负整数、负分数、有理数、无理数、实数的发展历程，以及数学共同体对数系扩充的规则要求，启发学生，对于前面的每一种数都找到了它的几何表征并研究其运算，那么复数呢，能否有几何表征方式？复数的运算法则又是什么样的？……这样的教学，既避免了学生无方向的低效摸索，又让学生在教师科学有效的引导下，像数学家一样经历了数学知识的创造过程。在这一过程中，学生获得的智能发展，远比被动接受教师传授来得透彻与稳固。正如美国谚语所说："我听到的会忘记，看到的能记住，唯有做过的才入骨入髓。"

2. "有指导的再创造"中"有指导"的内涵及现实意义

弗翁认为，学生的"再创造"，必须是"有指导"的。因为，学生在"做数学"的活动中常处于结论未知、方向不明的探究环境中。若放任学生自由探究而教师不作为，学生的活动极有可能会陷入盲目低效或无效境地。打个比方，让一个盲人靠自己的摸索到他从来没有去过的地方，他或许花费太多的时间，碰到无数的艰辛，通过跌打滚爬最终能到达目的地，但更有可能摸索到最后还是无功而返。如果把在探索过程中的学生比喻为看不清知识前景的盲人，教师作为一个知识的明眼人，就应该始终站在学生身后的不远处。学生碰到沟壑，教师能上前牵引他，当他走反了方向时，教师能上前把他指引到正确的道路上来，这就是教师"有指导"的意义。另外，并不是学生经过数学化活动就能自动生成精致化的数学形式定义。事实上，数学的许多定义是人类经过上百年、数千年，通过一代代数学家的不断继承、批判、修正、完善，才逐步精致严谨起来的，想让学生自己通过几节课就生成形式化概念是不可能的。所以说，学生的数学学习，更主要还是一种文化继承行为。弗翁强调："指导再创造意味着在创造的自由性与指导的约束性之间，以及在学生取得自己的乐趣和满足教师的要求之间达到一种微妙的平衡。"当前教学中有一种不好的现象，即把学生在学习活动中的主体地位与教师的必要指导相对立，这显然与弗翁的思想相背离。当然，教师的指导最能体现其教学智慧，体现在何时、何处、如何介入学生的思维活动中。

（1）如何指导——用元认知提示语引导。在"做数学"的活动中，对学生启发的最好方式是用元认知提示语，教师要根据探究目标隐蔽性的强弱，知识目标与学生认知结构潜在距离的远近，设计暗示成分或隐或显的元认知问题。一个优秀的教师一定是善用元认知提示语的教师。

（2）何时指导——在学生处于思维的迷茫状态时。不给学生充分的活动时空，不让学生经历一段艰难曲折的走弯路过程，教师就介入活动中，这不是真正意义上的"数学化"教学。在教师的过早干预下，也许学生知识、技能学得快一些，但学生忘得更快。

所以，教师只有在学生心求通而不得时点拨，在学生的思维偏离了正确的方向时引领，才能充分发挥师生双方的主观能动性，让学生在挫折中体会数学思维的特色与数学方法的魅力。

第三节　波利亚的解题理论

乔治·波利亚（George Polya，1887—1985），匈牙利裔美国人，数学家，20 世纪举世公认的数学教育家，享有国际盛誉的数学方法论大师。他在长达半个世纪的数学教育生涯中，为世界数学的发展立下了不可磨灭的功勋。他的数学思想对推动当今数学教育的改革与发展仍有极大的指导意义。

一、波利亚数学教育思想概述

（一）波利亚的解题教学思想

波利亚认为："学校的目的应该是发展学生本身的内蕴能力，而不仅仅是传授知识。"在数学学科中，能力指的是什么？波利亚说："这就是解决问题的才智——我们这里所指的问题，不仅仅是寻常的，它们还要求人们具有某种程度的独立见解、判断力、能动性和创造精神。"他发现，在日常解题和攻克难题而获得数学上的重大发现之间，并没有不可逾越的鸿沟。要想有重大的发现，就必须重视平时的解题。因此，他说"中学数学教学的首要任务就是加强解题的训练"，通过研究解题方法看到"处于发现过程中的数学"。他把解题作为培养学生数学才能和教会他们思考的一种手段与途径。这种思想得到了国际数学教育界的广泛赞同。波利亚的解题训练不同于"题海战术"，他反对让学生做大量的题，因为大量的"例行运算"会"扼杀学生的兴趣，妨碍他们的智力发展"。因此，他主张与其穷于应付烦琐的教学内容和过量的题目，还不如选择一个有意义但又不太复杂的题目去帮助学生深入发掘题目的各个侧面，使学生通过这道题目，就如同通过一道大门而进入一个崭新的天地。

比如，"证明根号 2 是无理数"和"证明素数有无限多个"就是这样的好题目，前者通向实数的精确概念，后者是通向数论的门户，打开数学发现大门的金钥匙往往就在这类好题目之中。波利亚的解题思想集中反映在他的《怎样解题》一书中，该书的中心思想是解题过程中怎样诱发灵感。书的一开始就是一张"怎样解题表"，在表中收集了一些典型的问题与建议，其实质是试图诱发灵感的"智力活动表"。正如波利亚在书中所写的："我们的表实际上是一个在解题中典型有用的智力活动表""表中的问题和建议并不直接提到好念头，但实际上所有的问题和建议都与它有关"。"怎样解题表"包含四部分内容，即弄清问题，拟订计划，实现计划，回顾过程。"弄清问题是为好念头的出现做准备；拟订计划是试图引发它；在引发之后，我们实现它；回顾此过程和求解的结果，是试图更好地利用它。"波利亚所讲的好念头，就是指灵感。《怎样解题》一书中有一部分内容叫"探索法小词典"，从篇幅上看，它占全书的4/5。"探索法小词典"的主要内容就是配合"怎样解题表"，对解题过程中典型有用的智力活动做进一步解释。全书的字里行间，处处给人一种强烈的感觉：波利亚强调解题训练的目的是引导学生开展智力活动，提高其数学才能。

从教育心理学角度看"怎样解题表"的确是十分可取的。利用这张表，教师可行之有效地指导学生自学，发展学生独立思考和进行创造性活动的能力。在波利亚看来，解题过程就是不断变更问题的过程。事实上，"怎样解题表"中许多问题和建议都是"直接以变化问题为目的的"，如你知道与它有关的问题吗？是否见过形式稍微不同的题目？你能改述这道题目吗？你能不能用不同的方法重新叙述它？你能不能想出一个更容易的有关问题？一个更普遍的题？一个更特殊的题？一个类似的题？你能否解决这道题的一部分？你能不能由已知数据导出某些有用的东西？能不能想出适于确定未知数的其他数据？你能改变未知数，或已知数，必要时改变两者，使新未知数和新的已知数更加互相接近吗？波利亚说："如果不'变化问题'，我们几乎不能有什么进展。""变更问题"是《怎样解题》一书的主旋律。"题海"是客观存在的，我们应研究对付"题海"的战术。波利亚的"表"切实可行，给出了探索解题途径的可操作机制，被公认为"指导学生在题海游泳"的"行动纲领"。著名的现代数学家瓦尔登早就说过："每个大学生、每个学者，特别是每个教师都应读《怎样解题》这本引人入胜的书。"

（二）波利亚的合情推理理论

通常，人们在数学课本中看到的数学是"一门严格的演绎科学"。其实，这仅是数学的一个侧面，是已完成的数学。波利亚大力宣扬数学的另一个侧面，那就是创造过程中的数学，它像"一门实验性的归纳科学"。波利亚说，数学的创造过程与任何其他知识的创造过程一样，在证明一个定理之前，先得猜想、发现这个定理的内容，在完全做出详细证明之前，还得不断检验、完善、修改所提出的猜想，还得推测证明的思路。在这一系列工作中，需要充分运用的不是论证推理，而是合情推理。论证推理以形式逻辑为依据，每一步推理都是可靠的，因而可以用来肯定数学知识，建立严格的数学体系。合情推理则只是一种合乎情理的、好像为真的推理。例如，律师的案情推理、经济学家的统计推理、物理学家的实验归纳推理等，它的结论带有或然性。合情推理是冒风险的，它是创造性工作所赖以进行的那种推理。合情推理与论证推理两者互相补充、缺一不可。

波利亚的《数学与合情推理》一书通过历史上一些有名的数学发现的例子分析说明了合情推理的特征和运用，首次建立了合情推理模式，开创性地用概率演算讨论了合情推理模式的合理性，试图使合情推理有定量化的描述，还结合中学教学实际呼吁"要教学生猜想，要教合情推理"，并提出了教学建议。这样就在笛卡儿、欧拉、马赫、波尔察诺、庞加莱、阿达马等数学大师的基础上前进了一步，他不愧为当代合情推理的领头人。数学中的合情推理是多种多样的，而归纳和类比是两种用途最广的特殊合情推理。拉普拉斯曾说过："甚至在数学里，发现真理的工具也是归纳与类比。"因而波利亚对这两种合情推理给予了特别重视，并注意到更广泛的合情推理。他不仅讨论了合情推理的特征、作用、范例、模式，还指出了其中的教学意义和教学方法。

波利亚反复呼吁："只要我们能承认数学创造过程中需要合情推理、需要猜想的话，数学教学中就必须有教猜想的地位，必须为发明做准备，或至少给一点发明的尝试。"对于一个想以数学作为终生职业的学生来说，为了在数学上取得真正的成就，就得掌握合情推理；对于一般学生来说，也必须学习和体验合情推理，这是未来生活的需要。他亲自讲课的教学片《让我们教猜想》荣获 1968 年美国教育电影图书协会十周年电影节的最高奖——蓝色勋带。1972 年，他到英国参加第二届国际数学教育会议时，又为英国开放大学录制了第二部电影教学片《猜想与证明》，并于 1976 年与 1979 年发表了《猜想与证明》和《更多的猜想与证明》两篇论文。怎样教猜想？怎样教合情推理？没有十拿九稳的教学方法。波利亚说，教学中最重要的就是选取一些典型教学结论的创造过程，分析其发现动机和合情推理，然后再让学生模仿范例去独立实践，在实践中发展合情推理能力。教师要选择典型的问题，创设情境，让学生饶有兴趣地自觉去试验、观察，得到猜想。"学生自己提出了猜想，也就会有追求证明的渴望，因而此时的数学教学最富有吸引力，切莫错过时机。"波利亚指出，要充分发挥班级教学的优势，鼓励学生之间互相讨论和启发，教师只有在学生受阻的时候才给些方向性的揭示，不能硬把他们赶上事先预备好的道路，这样学生才能体验到猜想、发现的乐趣，才能真正掌握合情推理。

（三）波利亚论教学原则及教学艺术

有效的教学手段应遵循一些基本的原则，而这些原则应当建立在数学学习原则的基础上，为此，波利亚提出了下面三条教学原则。

1. 主动学习原则

学习应该是积极主动的，不能只是被动或被授式的，不经过自己的大脑活动就很难学到什么新东西，就是说学东西的最好途径是亲自去发现它。这样，会使自己体验到思考的紧张和发现的喜悦，有利于养成正确的思维习惯。因此，教师必须让学生主动学习，让思想在学生的头脑里产生，教师只起助产的作用。教学应采用苏格拉底回答法，向学生提出问题而不是讲授全部现成结论，对学生的错误不是直接纠正，而是用另外的补充问题来帮助暴露矛盾。

2. 最佳动机原则

如果学生没有行动的动机，就不会去行动。而学习数学的最佳动机是对数学知识的内在兴趣，最佳奖赏应该是聚精会神的脑力活动所带来的快乐。作为教师，你的职责是激发学生的最佳动机，使学生信服数学是有趣的，相信所讨论的问题值得下一番功夫。为了使学生产生最佳动机，解题教学要格外重视在引入问题时，尽量诙谐有趣。在做题之前，可以让学生猜猜该题的结果，或者部分结果，旨在激发兴趣，培养探索习惯。

3. 循序阶段原则

"一切人类知识以直观开始，由直观进至概念，而终于理念"，波利亚将学习过程区分为三个阶段：

①探索阶段——行动和感知；

②阐明阶段——引用词语，提高到概念水平；

③吸收阶段——消化新知识，融入自己的知识系统中。

教学要尊重学习规律，要遵循循序阶段性，要把探索阶段置于数学语言表达（如概念形成）之前，而又要使新学知识最终融汇于学生的整体智慧之中。新知识的出现不能从天而降，应密切联系学生的现有知识、日常经验、好奇心等，给学生"探索阶段"；学了新知识之后，还要把新知识用于解决新问题或更简单地解决老问题，建立新旧知识的联系，通过对新学知识的吸收，对原有知识的结构看得更清晰，进一步开阔眼界。波利亚说，遗憾的是，现在的中学教学里严重存在忽略探索阶段和吸收阶段而单纯断取概念水平阶段的现象。

以上三个原则实际上也是课程设置的原则，比如：教材内容的选取和引入、课题分析和顺序安排、语言叙述和习题配备等问题也都要以学和教的原则为依据。有效的教学，除了要遵循学与教的原则外，还必须讲究教学艺术。波利亚明确表示，教学是一门艺术。教学与舞台艺术有许多共同之处，有时，一些学生从你的教态上学到的东西可能比你要讲的东西还多一些，为此，你应该略作表演。教学与音乐创作也有共同点，数学教学不妨吸取音乐创作中预示、展开、重复、轮奏、变奏等手法。教学有时可能接近诗歌。波利亚说，如果你在课堂上情绪高涨，感到自己诗兴欲发，那么不必约束自己；偶尔想说几句似乎难登大雅之堂的话，也不必顾虑重重。"为了表达真理，我们不能蔑视任何手段"，追求教学艺术亦应如此。

4.波利亚论数学教师的思和行

波利亚把数学教师的素质和工作要点归结为以下十条：

（1）教师首要的金科玉律是：自己要对数学有浓厚的兴趣。如果教师厌烦数学，那学生也肯定会厌烦数学。因此，如果你对数学不感兴趣，那么你就不要去教它，因为你的课不可能受学生欢迎。

（2）熟悉自己所教的科目——数学科学。如果教师对所教的数学内容一知半解，那么即使有兴趣，有教学方法及其他手段，也难以把课教好，你不可能一清二楚地把数学教给学生。

（3）应该从自身学习的体验中以及对学生学习过程的观察中熟知学习过程，懂得学习原则，明确认识到：学习任何东西的最佳途径都是亲自独立地去发现其中的奥秘。

（4）努力观察学生的面部表情，觉察他们的期望和困难，设身处地把自己当作学生。教学要想在学生的学习过程中收到理想的效果，就必须建立在学生的知识背景、思想观点以及兴趣爱好等基础之上。波利亚说，以上四条是搞好数学教学的精髓。

（5）不仅要传授知识，还要教技能技巧，培养思维方式以及良好的工作习惯。

（6）让学生学会猜想问题。

（7）让学生学会证明问题。严谨的证明是数学的标志，也是数学对一般文化修养的贡献中最精华的部分。倘若中学毕业生从未有过数学证明的印象，那他便少了一种基本的思维经验。但要注意，强调论证推理教学，也要强调直觉、猜想的教学，这是获得数学真理的手段，而论证则是为了消除怀疑。于是，教证明题要根据学生的年龄特征来处理，一开始给中学生教数学证明时，应该多着重于直觉洞察，少强调演绎推理。

（8）从手头中的题目中寻找出一些可能用于解决题目的特征——揭示出存在于当前具体情况下的一般模式。

（9）不要把你的全部秘诀一股脑儿地倒给学生，要让他们先猜测一番，然后你再讲给他们听，让他们独立地找出尽可能多的东西。要记住，"使人厌烦的艺术是把一切细节讲得详而又尽"（伏尔泰）。

（10）启发问题，不要填鸭式地硬塞给学生。

二、波利亚解题理论下的解题思维教学

作为一名数学家，波利亚在众多的数学分支领域都颇有建树，并留下了以他的名字

命名的术语和定理；作为一名数学教育家，波利亚有丰富的数学教育思想和精湛的教学艺术；作为一名数学方法论大师，波利亚开辟了数学启发法研究的新领域，为数学方法论研究的现代复兴奠定了必要的理论基础。他的名著《怎样解题》中提到的解题过程，用来规范学生的数学解题思维很有成效。

（一）弄清问题

一个问题摆在面前，它的未知数是什么，已知数又是什么？条件是什么，结论又是什么？给出条件是否能直接确定未知数？若直接条件不够充分，那隐性的条件有哪些？所给的条件会不会是多余的？或者是矛盾的呢？弄清这些情况后，往往还要画画草图、引入适当的符号加以分析。

有的学生没能把问题的内涵理解透，凭印象解答，贸然下手，结果可想而知。

一些学生对结果有四种可能惊诧不已，其实，若能按照乔治·波利亚《怎样解题》中说画草图进而弄清问题，就能很快找出四种可能答案。这不禁也让我想起我国著名数学家华罗庚教授描写"数形结合"的一首诗："数形本是相倚依，焉能分作两边飞。数缺形时少直觉，形缺数时难入微。数形结合百般好，割裂分家万事休。几何代数统一体，永远联系莫分离。"

（二）拟订计划

大多数问题往往不能一下子就迎刃而解，这时你就要找间接的联系，不得不考虑辅助条件，如添加必要的辅助线，找出已知量和未知量之间的关系，此时你应该拟订个求解的计划。有的学生认为，解数学题要拟订什么计划！会做就会做，不会做就不会做。其实不然，对于解题，第一步问题弄清后，着手解决前，你会考虑很多，脑袋瓜会闪出很多问题，比如，以前见过它吗？是否遇到过相同的或形式稍有不同的此类问题？我该用什么方法来解答呢？哪些定理公式我可以用呢？等等诸如此类的问题。

自问自答的过程，就是自我拟订计划的过程，若学生经常这样思考，并加以归纳，往往就能较快找到解决数学问题的最佳途径。

例如，在讲平面解析几何对称时，笔者常举以下几个例子让学生加以练习：

第一小题是点与点之间对称的问题；第二小题和第三小题是个相互的问题，一题是直线关于点对称最终求直线的问题，另一题是点关于直线对称最终求点的问题；第四小题是关于直线对称的问题，这个问题要考虑两直线是平行还是相交的情况。

通过以上四小题的分析归纳，学生再碰到此类对称的问题就能得心应手了，能以最快的速度拟出解决方案，即拟订好计划，少走弯路。另外对点、直线和圆的位置关系的判断也可以进行同样的探讨，做到举一反三。

在拟订计划中，有时不能马上解决所提出的问题，此时可以换个角度考量。譬如：

1. 能不能加入辅助元素后重新叙述该问题，或能不能用另外一种方法来重新描述该问题；

2. 对于该问题，我能不能先解决一个与此有关的问题，或能不能先解决和该问题类似的问题，然后利用预先解决的问题去拟订解决该问题的计划；

3. 能不能进一步探讨，保持条件的一部分舍去其余部分，这样的话对于未知数的确定会有什么样的变化；或者能不能从已知数据导出某些有用的东西，进而改变未知数或数据（或者二者都改变），这样能不能使未知量和新数据更加接近，进而解答问题；

4. 是否已经利用了所有的已知数据，是否考虑了包含在问题中的所有必要的概念，原先自己凭印象给出的定义是否准确。

碰到问题一时无法解决，采用上述的不同角度进行思考，应该很快就可以找到解决问题的方法。

（三）实行计划

实施解题所拟订的计划，并认真检验每一个步骤和过程，必须证明或保证每一步的准确性。出现谬论或前后相互矛盾的情况，往往就在实行计划中没能证明每一步都是按正确的方向来走。例如，有这样的一个诡辩题，题目大意如下：龟和兔，大家都知道肯定是兔子跑得快，但如果让乌龟提前出发 10 米，这时乌龟和兔子一起开跑，那样的话兔子永远都追不上乌龟。从常识上看这结论肯定错误，但从逻辑上分析：当兔子赶上乌龟提前出发的这 10 米的时候，是需要一段时间的，假设是 10 秒，那在这 10 秒里，乌龟又往前跑了一小段距离，假设为 1 米，当兔子再追上这 1 米，乌龟又往前移动了一小段距离，如此这样下去，不管兔子跑得有多快，只能无限接近乌龟而不能超过。这个问题问倒了很多人（当然包括学生），问题出在哪呢？问题就出在假设上，假设出现了问题，就是实行计划的第一步出现错误，你说结论会正确吗？

这样的诡辩题在数学上很多，有的一开始就是错的，如同上面的例子；有的在解题过程中出现错误；有的采用循环论证，用错误的结论当作定理去证明新的问题；还有的偷换概念。例如，学生之间经常讨论的一个例子：有 3 个人去投宿，一个晚上 30 元，3 个人每人掏了 10 元凑够 30 元交给了老板，后来老板说今天优惠只要 25 元就够了，于是老板拿出 5 元让服务生退还给他们，而服务生偷偷藏起了 2 元，然后把剩下的 3 元钱分给了那三个人，每人分到 1 元。现在来算算，一开始每人掏了 10 元，现在又退回 1 元，也就是 10-1=9，每人只花了 9 元钱，3 个人每人 9 元，3×9=27 元＋服务生藏起的 2 元 =29 元，还有一元钱哪去了？这问题就是偷换概念，不同类的钱数目硬性加在一起。所以，在实行计划中，检验是非常关键的。

（四）回顾

最后一步是回顾，就是最终的检测和反思了。结果进行检测，判断是否正确。这道题还有没有其他的解法？现在能不能较快看出问题的实质所在？能不能把这个结论或方法当作工具用于其他的问题的解答？等等。

一题多解、举一反三，这在数学解题中经常出现。

在今后遇到同样或类似问题时，能不能直接找到问题实质所在或答案，或许这就是看你的"数感"（对数学的感知感觉）如何了。例如，空间四边形四边中点依次连接构成平行四边形，有了这感觉，回忆起以前学的正方形、长方形、菱形、梯形或任意四边形的四边中点依次连接所成的图形，就不难得出答案了。

数学是一门工具学，某个问题解决了，要是所获得的经验或结论可以作为其他问题解决的奠基石，那么解决这个数学问题的目的就达到了。古人在长期的生产生活中，给我们留下了不少经验和方法，体现在数学上就是定理或公式了，为我们的继续研究创造了不少先决条件，不管在时间上还是空间上，都是如此。我们要让学生认识到，教科书中的知识包含了多少前人的心血，要好好珍惜。

三、波利亚数学解题思想对我国数学教育改革的启示

（一）更新教育观念，使学生由"学会"向"会学"转变

目前我国大力提倡素质教育，但应试教育体制的影响不是一天两天就能完全去除的。几乎所有学生都把数学看成必须得到多少分的课程。这种体制造成片面追求升学率和数学竞赛日益升温的畸形教育，教学一味热衷于对数学事实的生硬灌输和题型套路的分类总结，而不管数学知识的获取过程和数学结论后面丰富多彩的事实。学生被动消极地接受知识，非但不能融会贯通，把知识内化为自己的认知结构，反而助长了对数学事实的死记硬背和对解题技巧的机械模仿。

结合波利亚的数学思想及我国当前教育的形势，我国的数学教育应转变观念，使学生不仅"学会"，更要"会学"。数学教学既是认识过程，又是发展过程，这就要求教师在传授知识的同时，应把培养能力、启发思维置于更加突出的地位。教师应引导学生在某种程度上参与提出有价值的启发性问题，唤起学生积极探索的动机和热情，开展"相应的自然而然的思维活动"。通过具体特殊的情形的归纳或相似关联因素的类比、联想，孕育出解决问题的合理猜想，进而对猜想进行检验、反驳、修正、重构。这样学生才能主动建构数学认知结构，并培育对数学真理发现过程的不懈追求和创新精神，强化学习

主体意识，促进数学学习的高效展开。

（二）革新数学课程体系，展现数学思维过程

传统的数学课程体系，历来以追求逻辑的严谨性、理论的系统性而著称，教材内容一般沿着知识的纵方向展开，采用"定义—定理—法则—推论—证明—应用"的纯形式模式，突出高度完善的知识体系，而对知识发明（发现）的过程则采取蕴含披露的"浓缩"方式，或几乎全部略去，缺乏必要的提炼、总结和展现。

根据波利亚的思想，我国的数学课程体系应力图避免刻意追求严格的演绎风格，克服偏重逻辑思维的弊端，淡化形式，注重实质。数学课程目标不仅在于传授知识，更在于培养数学能力，特别是创造性数学思维能力。课程内容的选取，以具有丰富渊源背景和现实生动情境的问题为主导，参照数学知识逐步进化的演变过程，用非形式化展示高度形式化的数学概念、法则和原理。突破以科学为中心的课程和以知识传授为中心的教学观，将有利于思维方式与思维习惯的培养，并在某种程度上避免教师的生硬灌输和学生的死记硬背，教与学不再是毫无意义的符号的机械操作。课程体系准备深刻、鲜明生动地展开思维过程，使学生不仅知其然而且知其所以然，也是现代数学教育思想的一个基本特点。

波利亚的数学解题思想博大精深，源于实践又指导实践，对我国的数学教育实践及改革发展具有重要的指导意义。我们从中得到这样的启示：数学教育应着眼于探究创造，强调获取知识的过程及方法，寻求学习过程、科学探索和问题解决的一致性。它的根本意义在于培养学生的数学文化素养，即培养学生思维的习惯，使他们学会发现的技巧、领会数学的精神实质和基本结构，并提供应用于其他学科的推理方法，体现一种"变化导向的教育观"。

第四节　建构主义的数学教育理论

在教育心理学中正在发生着一场革命，人们对它的叫法不一，但更多地把它称为建构主义的学习理论。20世纪90年代以来，建构主义学习理论在西方逐渐流行。建构主义是行为主义发展到认知主义以后的进一步发展，被誉为当代心理学的一场革命。

一、建构主义理论概述

（一）建构主义理论

建构主义理论是在皮亚杰（Jean Piaget）的"发生认识论"、维果茨基（Lev S.Vygotsky）的"文化历史发展理论"和布鲁纳（Jerome Seymour Bruner）的"认知结构理论"的基础上逐渐发展形成的一种新的理论。皮亚杰认为，知识是个体与环境交互作用并逐渐建构的结果。在研究儿童认知结构发展中，他还提到了几个重要的概念：同化、顺应和平衡。同化是指当个体受到外部环境刺激时，用原来的图式去同化新环境所提供的信息，以达到暂时的平衡状态；若原有的图式不能同化新知识，将通过主动修改或重新构建新的图式来适应环境并达到新的平衡的过程，即顺应。个体的认知在"原来的平衡—打破平衡—新的平衡"的过程中不断地向较高的状态发展和升级。在皮亚杰理论的基础上，各专家和学者从不同的角度对建构主义进行了进一步的阐述和研究。科恩伯格（Kornberg）对认知结构的性质和认知结构的发展条件做了进一步的研究；斯滕伯格（R.J.sternberg）和卡茨（D.Katz）等人强调个体主动性的关键作用，并对如何发挥个体主动性在建构认知结构过程中的关键作用进行了探索；维果茨基从文化历史心理学的角度研究了人的高级心理机能与"活动"和"社会交往"之间的密切关系，并最早提出了"最近发展区"理论。所有的研究都使建构主义理论得到了进一步的发展和完善，为应用于实际教学中提供了理论基础。

（二）建构主义理论下的数学教学模式

建构主义理论认为，学习是学习者用已有的经验和知识结构对新的知识进行加工、筛选、整理和重组，并实现学生对所获得知识意义的主动建构，突出学习者的主体地位。所谓以学生为主体，并不是对其放任自流，教师要做好引导者、组织者，也就是说，我们在承认学生的主体地位的同时也要发挥好教师的作用。因此，以建构主义为理论基础的教学应注意：首先，发挥学生的主观能动性，把问题还给学生，引导他们独立地思考和发现，并能在与同伴相互合作和讨论中获得新知识。其次，学习者对新知识的建构要以原有的知识经验为基础。最后，教师要扮演好学生忠实支持者和引路人的角色。教师一方面要重视情境在学生建构知识中的作用，将书本中枯燥的知识放在真实的环境中，让学生去体验活生生的例子，从而帮助学生自我创造达到意义建构的目的；另一方面留给学生足够的时间和空间，让尽量多的学生参与讨论并发表自己的见解，学生遇到挫折时，教师要积极鼓励，在他们取得进步时，要给予肯定并指明新的努力方向。

数学教学采用"建构主义"的教学模式是指以学生自主学习为核心，以数学教材为学生意义建构的对象，由数学教师担任组织者和辅助者，以课堂为载体，让学生在原有数学知识结构的基础上将新知识与之融合，同时，也帮助和促进学生数学素养、数学能力的提高。教学的最终目的是让学生实现对知识的主动获取和对已获取知识的意义建构。

二、建构主义学习理论的教育意义

（一）学习的实质是学习者的主动建构

建构主义学习理论认为，学习不是老师向学生传递知识信息、学习者被动地吸收的过程，而是学习者自己主动地建构知识的意义的过程。这一过程是不可能由他人代替的。每个学习者都是在其现有的知识经验和信念基础上，对新的信息主动地进行选择加工，从而建构起自己的理解，而原有的知识经验系统又会因新信息的进入发生调整和改变。这种学习的建构，一方面是对新信息的意义的建构，另一个方面是对原有经验的改造和重组。

（二）课本知识不是唯一正确的答案，学生学习是在自我理解基础上的检验和调整过程

建构主义学习理论认为，课本知识仅是一种关于各种现象的比较可靠的假设，只是对现实的一种可能更正确的解释，而绝不是唯一正确的答案。这些知识在进入个体的经验系统被接受之前是毫无意义可言的，只有通过学习者在新旧知识经验间反复双向相互作用后，才能建构起它的意义。所以，学生学习这些知识时，不是像镜子那样去"反映"呈现，而是在理解的基础上对这些假设做出自己的检验和调整。

课堂中学生的头脑不是一块白板，他们对知识的学习往往是以自己的经验信息为背景来分析其合理性，而不是简单地套用。因此，关于知识的学习不宜强迫学生被动地接受知识，不能满足于教条式的机械模仿与记忆，不能把知识作为预先确定了的东西让学生无条件地接纳，而应关注学生是如何在原有的经验基础上经过新旧经验相互作用而建构知识含义的。

（三）学习需要走向"思维的具体"

建构主义学习理论批判了传统课堂学习中"去情境化"的做法，转而强调情境性学习与情境性认知。他们认为学校常常在人工环境而非自然情境中教学生那些从实际中抽象出来的一般性的知识和技能，而这些东西常常会被遗忘或只能保留在学习者头脑内部，一旦走出课堂到实际需要时便很难回忆起来，这些把知识与行为分开的做法是错误的。知识总是要适应它所应用的环境、目的和任务的，因此为了使学生更好地学习、保持和

使用其所学的知识，就必须让他们在自然环境中学习或在情境中进行活动性学习，促进知和行的结合。

情境性学习要求给学生的任务具有挑战性、真实性，稍微超出学生的能力，有一定的复杂性和难度。让学生面对一个要求认知复杂性的情境，使之与自身的能力形成一种积极的不相匹配的状态，即认知冲突。学生在课堂中不应学习老师提前准备好的知识，而应在解决问题的探索过程中，从具体走向思维，并能够达到更高的知识水平，即由思维走向具体。

（四）有效的学习需要在合作中、在一定支架的支持下展开

建构学习理论认为，学生以自己的方式来建构事物的意义，不同的人理解事物的角度是不同的，这种不存在统一标准的客观差异性本身就构成了丰富的资源。通过与他人的讨论、互助等形式的合作学习，学生可以超越自己的认识，更加全面深刻地理解事物，看到那些与自己不同的理解，检验与自己相左的观念，学到新东西，改造自己的认知结构，重新建构知识。学生在交互合作学习中对自己的思考过程不断地进行再认识，对各种观念加以组织和改组，这种学习方式不仅会逐渐地提高学生的建构能力，而且有利于今后的学习和发展。

为学生的学习和发展提供必要的信息和支持。建构主义者称这种提供给学生、帮助他们从现有能力提高一步的支持形式为"支架"，它可以减少或避免学生在认知中不知所措或走弯路。

（五）建构主义的学习观要求课程教学改革

建构主义认为，教学过程不是教师向学生原样不变地传递知识的过程，而是学生在教师的帮助指导下自己建构知识的过程。所谓建构是指学生通过新、旧知识经验之间的、双向的相互作用，来形成和调整自己的知识结构。这种建构只能由学生本人完成，这就意味着学生是被动的刺激接受者。因此在课程教学中，教师要尊重和培养学生的主体意识，创设有利于学生自主学习的课堂情境和模式。

（六）课程改革取得成效的关键在于按照建构主义的教学观创设新的课堂教学模式

建构主义的学习环境包含情境、合作、交流和意义建构等四大要素。与建构主义学习理论以及建构主义学习环境相适应的教学模式可以概括为：以学习为中心，教师在整个教学过程中起组织者、指导者、帮助者和促进者的作用，利用情境、合作、交流等学习环境要素充分发挥学生的主动性、积极性和首创精神，最终达到学生有效地实现对当前所学知识的意义建构的目的。在建构主义教学模式下，目前比较成熟的教学方法有情

景性教学、随机通达教学等。

（七）基础教育课程改革的现实需要以建构主义的思想培养和培训教师

新课程改革不仅改革课程内容，也对教学理念和教学方法进行了改革，探究学习、建构学习成为课程改革的主要理念和教学方法之一，期许教师胜任指导和促进学生的探究和建构的任务。教师自身要接受探究学习和建构学习的训练，建立探究和建构的理念，掌握探究和建构的方法，唯此才能在教学实践中自主地指导和运用建构教学，激发学生的学习兴趣，培养学生探究的习惯和能力。

第五节　我国的"双基"数学教学

在高等数学教学的过程中，面对学生基础严重不牢固，针对高等数学内容难度较大的特点，学生表现为学习困难，接受效果不尽如人意。在这种情况下，在高等数学教学工作中，只有坚持以"双基"教学理论为指导，才能保证高等数学的教育教学质量。

一、我国"双基教学理论"的综述

1963 年我国颁布了《全日制小学语文教学大纲》，概括为"双基 + 三大能力"，双基即基础知识、基本技能。三大能力包括基本的运算能力、空间想象能力和逻辑思维能力。1996 年我国的高中数学大纲又把"逻辑思维能力"改为"思维能力"，原因是逻辑思维是数学思维的基础部分，但不是核心部分。在"双基"教学理论的指导下，我国学生的数学基础以扎实著称。进入 20 世纪，在"三大能力"的基础上，又提出培养学生提出问题、解决问题的能力。在中学阶段的数学教学中，提出培养学生数学意识、培养学生的数学实践能力和运用所学的数学知识解决实际问题的能力。"双基"教学理论的提出和实践，对数学教育工作者提出了新的挑战，为此，研究和运用双基教学理论对实现数学教学的目标具有重要的意义，特别是在基础教育教学改革日益深入的今天，做好高等学校的数学教学与中学数学教学的衔接，具有重要的意义。本节以高等数学教学为例，对实践双基教学理论归纳出笔者的经验和措施。

（一）双基教学理论的演进

"双基"教学起源于 20 世纪 50 年代，在 20 世纪 60 年代—80 年代得到大力发展，20 世纪 80 年代之后，不断丰富完善。探讨双基教学的历程，从根本上讲，应考查教学大纲，因为中国教学历来是以纲为本。双基内容被大纲所确定，双基教学可以说来源于大纲导向。大纲中对知识和技能要求的演进历程也是双基教学理论的形成轨迹，双基教学根源于教学大纲，随着教学大纲对双基要求的不断提高而得到加强。所以，我们只要对教学大纲作一历史性回顾，就不难找到双基教学的演进历程，此处不再展开叙述。

（二）双基教学的文化透视

双基教学的产生是有着浓厚的传统文化背景的，关于基础重要性的传统观念、传统的教育思想和考试文化对双基教学都有着重要影响。

1. 关于基础的传统信念

中国是一个相信基础重要性的国家，基础的重要性多被作为一种常识为大家所熟悉，在沙滩上建不起来高楼，空中也无法建楼阁，要建成大厦，没有好的基础是不行的。从事任何工作，都必须有基础。没有好的基础不可能有创新。"现代社会没有或者几乎没有一个文盲做出过创新成果"常被视作"创新需要知识基础"的一个极端例子。这样的信念支配着人们的行动，于是，大家认为，中小学教育作为基础教育，打好基础、储备好学习后继课程与参加生产劳动及实际工作所必备的、初步的、基本的，知识和技能是第一位的，有了好的基础，创新、应用可以逐步发展。这样，注重基础也就成为自然的事情了。其实，学生是通过学习基础知识、基本技能这个过程达到一个更高境界的，不可能越过基础知识、基本技能类的东西而学习其他知识技能来培养创新能力或其他能力。所以，通往教育深层的必经之路就是由基本知识、基本技能铺设的，双基内容应该是作为社会人生存、发展的必备平台。没有基础，就缺乏发展潜能，无论是中国功夫，还是中国书法，都是非常讲究基础的，正是这一信念为双基教学注入了理由和活力。

2. 文化教育传统

中国双基教学理论的产生发展与中国古代教育思想是分不开的。首要的应是孔子的教育思想。孔子通过长期教学实践，提出"不愤不启，不悱不发"的教学原则。"愤"就是积极思考问题，还处在思而未懂的状态；"悱"就是极力想表达而又表达不清楚。就是说，在学生积极思考问题而尚未弄懂的时候，教师才应当引导学生思考和表达。又言"举一隅，不以三隅反，则不复也"，即要求学生能做到举一反三、触类旁通。这种思想和方法被概括为"启发教学"思想。如何进行启发教学，《学记》给出过精辟的阐述："君子之教，喻也。道而弗牵，强而弗抑，开而弗达，道而弗牵则和，强而弗抑则易，开而弗达则思，和易以思，可谓善喻也。"意思是说要引导学生而不要牵着学生走，要鼓励学生而不要压抑他们，要指导学生学习门径，而不是代替学生做出结论。引而弗牵，师生关系才能融洽、亲切；强而弗抑，学生学习才会感到容易；开而弗达，学生才会真正开动脑筋思考，做到这些就可以说得上是善于诱导了。启发教学思想的精髓就是发挥教师的主导、诱导作用，教师向来被看作"传道、授业、解惑"的"师者"，处于主导地位。这种教学思想注定了双基教学中的教师的主导地位和启发性特征。

关于学习，孔子有一句名言："学而不思则罔，思而不学则殆。"意思是说光学习而不进行思考什么都学不到，只思考而不学习则会陷入困境而无所获。可见孔子主张学思相济，不可偏废。学习必须以思考来求理解，思考必须以学习为基础。这种学、思结合思想用现在的观点看，就是创新源于思，缺乏思，就不会有创新，而只思不学是行不通的，表明学是创新的基础，思是创新的前提。故而应重视知识的学习和反思。朱熹也提出："读书无疑者，须教有疑，有疑者却要无疑，到这里方是长进。"这种学习理念对教学的启示是，要鼓励学生质疑，因为疑是学生动了脑筋的结果，"思"的表现，通过问，解决疑，才可以使学问长进。课堂上教师要多设疑问，故布疑阵，设置情境，不断用问题、疑问刺激学生，驱动学生的思维。这种学习思想为双基教学注入了问题驱动性特征。双基教学理论可以说是中国古代教育思想的引申、发展。

3.考试文化对双基教学具有促动影响

中国有着悠久的考试文化，自隋文帝实行"科举考试"制度，至今已延续近一千五百年。学而优则仕，学习的目的是通过考试达到自身发展（如做官）的目标。到了现代，考试一样也是通往美好前程的阶梯。而考试内容绝大部分只能是基础性的试题，因为双基是有形的，容易考查，创新性、灵活性、应用能力的考查比较困难，尤其是在限定的时间内进行的考查。另外，教学大纲强调双基，考试以大纲为准绳，教学自然侧重于双基教学。考试重点考双基，那么各种教学改革只能是以双基为中心，围绕双基开展，最终是使双基更加扎实，使双基更加突出。这种考试要求与教学要求的相互影响，加强了双基教学。总之，双基教学理论既是中国古代教育思想的发扬，又深受中国传统考试文化的影响。新课改中，如何更新双基、如何继承和发扬双基教学传统，是一个需要认真思考的重要课题。

二、双基教学模式的特征分析

（一）双基教学模式的外部表征

双基教学理论作为一种教育思想或教学理论，可以看作是以"基本知识和基本技能"教学为本的教学理论体系，其核心思想是重视基础知识和基本技能的教学。它首先倡导了一种所谓的双基教学模式，我们先从双基教学模式外显的一些特征进行描述刻画。

1.双基教学模式课堂教学结构

双基教学在课堂教学形式上有着较为固定的结构，课堂进程基本呈"知识、技能讲授—知识、技能的应用示例—练习和训练"序状，即在教学进程中先让学生明白知识技能是什么，再了解怎样应用这个知识技能，最后通过亲身实践练习掌握这个知识技能及其应用。典型教学过程包括"复习旧知—导入新课—讲解分析—样例练习—小结作业"，五个基本环节每个环节都有自己的目的和基本要求。

复习旧知的主要目的是为学生理解新知、逾越新知障碍做知识铺垫，避免学生思维走弯路。在导入新课环节，教师往往是通过适当的铺垫或创设适当的教学情境引出新知，通过启发式的讲解分析，引导学生尽快理解新知内容，让学生从心理上认可、接受新知的合理性，即及时帮助学生弄清是什么、弄懂为什么；进而以例题形式讲解、说明其应用，让学生了解新知的应用，明白如何用新知；然后让学生自己练习、尝试解决问题，通过练习，进一步巩固新知，增进理解，熟悉新知及其应用技能，初步形成运用新知分析问题、解决问题的能力；最后小结一堂课的核心内容，布置作业，通过课外作业，进一步熟练技能，形成能力。所以，双基教学有着较为固定的形式和进程，教学的每个环节安排紧凑，教师在其中既起着非常重要的主导作用、示范作用或管理作用，同时也起着为学生的思维架桥铺路的作用，由此也产生了颇具中国特色的教学铺垫理论。

2. 双基教学模式课堂教学控制

双基教学模式是一种教师有效控制课堂的高效教学模式。双基教学重视基础知识的记忆理解、基本技能的熟练掌握运用，具体到每一堂课，教学任务和目标都是明确具体的，包括教师应该完成什么样的知识技能的讲授、达到什么样的教学目的、学生应该得到哪些基本训练（做哪些题目）、实现哪些基本目标、达到怎样的程度（如练习正确率），等等。教师为实现这些目标有效组织教学、控制课堂进程。正是有明确的任务和目标以及必须实现这些任务和目标的驱动，教师责无旁贷地成为课堂上的主导者、管理者，导演着课堂中几乎所有的活动，使得各种活动都呈有序状态，课堂时间得到有效利用。课堂活动组织得严谨、周密、有节奏、有强度。整堂课的进程，有高度的计划性，什么时候讲、什么时候练、什么时候演示、什么时候板书、板书写在什么位置，都安排得非常妥当，能有效地利用上课的每一分钟时间。整堂课进行得井井有条，教师随时注意学生遵守课堂纪律的情况，防止和克服不良现象的发生，随时注意进行教学组织工作，而且进行得很机智，课堂秩序一般表现良好。

严谨的教学组织形式，不仅高效，而且避免了学生无政府主义现象的发生。双基教学注重教师的有效讲授和学生的及时训练、多重练习，教师讲课，要求语言清楚、通俗、生动、富于感情，表述严谨，言简意赅。在整堂课的讲授过程中，教师充分发挥主导作用，不断提问和启发，学生思维被激发调动，始终处于积极的活动状态。在训练方面，以解题思想方法为首要训练目标，一题多解、一法多用、变式练习是经常使用的训练形式，从而形成了中国教学的"变式"理论，包括概念性变式和过程性变式。

双基教学模式下，教师具有的知识特征通过一些比较研究可以看到：我国教师能够多角度理解知识，如中国学者马力平的中美数学教育比较研究表明，在学科知识的"深刻理解"上，中国教师具有明显的优势。

3. 双基教学的目标

双基教学重视基础知识、基本技能的传授，讲究精讲多练，主张"练中学"，相信"熟能生巧"，追求基础知识的记忆和掌握、基本技能的操演和熟练，以使学生获得扎实的基础知识、熟练的基本技能和较高的学科能力为其主要的教学目标。对基础知识讲解得细致，对基本技能训练得入微，使学生一开始就能对所学习的知识和技能获得一个从"是什么、为什么、有何用到如何用"的较为系统的、全面的和深刻的认识。在注重基础知识和基本技能教学的同时，双基教学从不放松和抵制对基本能力的培养和个人品质的塑造，相反，能力培养一直是双基教学的核心，如数学教学始终认为运算能力、空间想象能力、逻辑思维能力是数学的三大基础能力。可以说，双基教学本身就含有基础能力的培养成分和带有指导性的个性发展的内涵。

4. 双基教学的课程观

在"双基教学"理论中，"基础"是一个关键词。某些知识或技能之所以被选进课程内容，并不是因为它们是一种尖端的东西，而是因为它们是基础的，所以我们说双基教学思想注重课程内容的基础性。同时，双基教学也注重课程内容的逻辑严谨性，在课程教材的编制上，体现为重视教学内容结构以及逻辑系统的关系，要求教材体系符合学科的系统性（当然也要符合学生的心理发展特点），依据学科内容结构规律安排，做到先行知识的学习与后继知识的学习互相促进。双基教学的课程观也非常注意感性认识与理性认识的关系，教学内容安排要求由实际事例开始，由浅入深、由易到难、由表及里，循序渐进。

5. 双基教学理论体系的开放性

双基教学并不是一个封闭的体系，在其发展过程中，不断地吸收先进的教育教学思想来丰富和完善自身的理论。双基的内涵也是开放的，内容随时代的变化而变化。总之，从外部来看，双基教学理论是一种讲究教师有效控制课堂活动、既重讲授又重练习、既重基础又重能力、有明确的知识技能掌握和练习目标的开放的教学思想体系。

（二）双基教学的内隐特征

深入课堂教学内部，借助典型案例，分析中国教师的教学实践和经验总结，我们不难看出，中国双基教学至少包含下面五个基本特征：启发性、问题驱动性、示范性、层次性和巩固性。

1. 启发性

双基教学强调双基，同时强调在传授双基的教学过程中贯彻启发式教学原则，反对注入式，主张启发式教学，反对"填鸭"或"灌输"式教学。各种教学活动以及教学活动的各个环节都要求富有启发性，不论是教师讲解、提问、演示、实验、小结、复习、解答疑难，还是进行概念、定理（公式）的教学，或是复习课、练习课的教学，教师都讲究循循善诱，采取各种不同方式启发学生思维，激发学生潜在的学习动机，使之主动地、积极地、充满热情地参与到教学活动中。在讲解过程中，教师会"质疑启发"，即通过不断设疑、提问、反诘、追问等方式激发学生思考问题，通过释疑解惑，开通思路，掌握知识。在演示或实验过程中，教师会进行"观察启发"，借助实物、模型、图示等，组织学生观察并思考问题、探求解答。在新结论引出之前，根据内容情况，教师有时进行"归纳启发"，通过实验、演算先得出特殊事例，再引导学生对特殊材料进行考察获得启发，进而归纳、发现可能规律，最后获得新结论。有时会采用"对比启发"或"类比启发"，运用对比手法以旧启新，根据可类比的材料，启示学生对新知识做出大胆猜想。所以，贯彻启发式原则是双基教学的一个基本要求，也因此，双基教学具有了启发性特征。

如有的教师为了讲清数学归纳法的数学原理，首先从复习不完全归纳法开始，指出它是人们用来认识客观事物的重要推理方法，并揭示它是一种可靠性较弱的方法，由此产生认知冲突，即当对象无限时，如何保证从特殊归纳出一般结论的正确性。接着，用生活实例——摸球进行类比启发：如果袋中有无限多个球，如何验证里面是否均为白球？显然不能逐一摸出来验证，由于不可穷尽，所以无法直接验证。但如果能有"当你这一次摸出的是白球，则下一次摸出的一定也是白球"这样的保证，则大可不必逐个去摸，而只要第一次摸出的确实是白球即可。至此，为什么数学归纳法只完成两步工作就可对一切自然数下结论的思想实质清晰可见。双基教学的启发性是教师创设的，是教师主导作用的充分体现，其关键是教师的引导和精心设计的启发性环境，启发的根本不在于让学生"答"，而在于让学生思考，或者简单地说在于让学生"想"。

所以，一堂课从表面上看，可能全是教师在讲解，学生在被动地听，可实际上，学生思维可能正在教师的步步启发下积极地活动着，进行着有意义的学习。事实上，双基教学中，教师的一切活动始终是围绕学生的思考或思维服务的，为学生积极思考提供、搭建脚手架，为学生建构新知识结构提供高效率的帮助。双基教学讲究在教师的启发下让学生自己发现，这是一种特殊的探索方式，双基教学的这种启发性内隐特征决定了双基教学并不是教师直接把现成的知识传授给学生，而是经常引导学生去发现新知。问题驱动性双基教学强调教师的主导作用，整个教学过程经由教师精心设计，成为一环扣一环、由教师有效控制、逐步递进的有序整体，使得学生能轻松地一小步一小步地达到预定目标。在这个有序教学整体的开始，教师以提问方式驱动学生回顾复习旧知识，通过精心设计的问题情境，凸显"用原有的知识无法解决的新的矛盾或问题"，以此为契机，让学生体验到进一步探索新知的必要性，认识到将要研究和学习的新知是有意义和有价值的，继而将课题内容设计为一系列的矛盾或问题解决形式，并不断地以启发、提问和讲解的方式展开并递进解决。

事实上，双基教学模式中，教师设计一堂课，经常会考虑如何用设计好的情境来呈现新旧知识之间的矛盾或提出问题，引起认知冲突，使学生有兴趣学习这节课，同时也会考虑如何引入概念，如何将问题分解为一个个有递进关系的问题并逐步深入，如何应用以往的工具和新引进的概念解决这些问题，等等，以驱使学生聚精会神地动脑思考，或全神贯注地听老师讲解分析解决问题或矛盾的方法或思想。双基教学中，教师并不是简单地将大问题分拆成一个个小问题机械地呈现给学生，而是经常将讲解的内容转变为问题式的提问或启发式问题，融合在教师的讲授中，这些提问或启发式问题具有强驱动性，促使学生思维不断地沿着教师的预设方向进行。教师这种不断地通过"显性"和"隐性"的问题驱动学生的思维活动（隐性的问题可以看作启发，显性的问题可以看作课堂提问），构成了中国双基教学的一大特色。

课堂上的显性提问，既能激发学生的思维，又能起到管理班级的作用，使学生的思想不易开小差。隐性启发式问题一方面使学生的思维具有方向，避免盲目性；另一方面为学生理解新知搭建了脚手架，使之顺着这些问题就能够达到理解的巅峰。双基教学在解题训练教学方面，讲究"变式"方法。通过变式训练，明晰概念，归纳解题方法、技巧、规律和思想，促进知识向能力转化。教师不断在"原式"基础上变换出新问题，让学生仿照或模仿或基于"原式"的解法进行解决，使学生参与到一种特殊的探究活动中。这种以变式问题形式驱动学生课堂上的学习行为是中国双基教学的又一大特点。

双基教学课堂中大量的"师对生"的问题驱动（提问）使学生思维整堂课都处在一种高度积极的活动之中，思维高速运转，思维不断地被教师的各种问题驱动而推向主动思考的高潮，学生对课堂上教师显性知识的讲解基本能够听懂、弄明白，基本不存在疑问。学生也正是在逻辑地一步步不停地思考老师的各种问题或听老师对各种问题的分析解释的过程中不自觉地建构着知识和对知识的理解，同时对教师的观点、思想和方法做着评价、批判、反思。从这个意义上讲，问题驱动特征导致双基教学是一种有意义学习，而不是机械学习、被动接受，从它的多启发性驱动问题的设置我们可以确信这一点。至于在过去的一个非常时期内，教师地位的不高导致教师的专业化水平低下，从而在个别地方个别教师出现照本宣科、满堂灌或填鸭式教学的现象，显然不是双基教学思想的产物。可见，双基教学教师惯常以问题、悬念引入，教学中教师充分发挥主导作用，不断地以问题驱动，激发学生思维，引起学生反思，使学生潜在而自然地建构知识和对知识的理解，并从中体验学科的价值、思想、观点和方法等。

2. 示范性

双基教学的另一个内隐特征是教师的示范性。表面上看，教师只是在做讲解和板书，而实际上，教学过程中教师不断地提供着样例，做着语言表达的示范、解题思维分析的示范、问题解决过程的示范、例题解法书写格式的示范以及科学思维方式的示范等。如以例题形态出现的知识的应用讲解，教师每一个例题的讲解都分析得清楚、细致，这无形中给学生做了一个如何分析问题的示范、知识如何应用的示范、这类问题如何解决的示范和解决这类问题的方法的使用示范。教师对例题的讲解分析是双基教学中最典型、最重要的示范之一，教师做那么细致的分析，目的之一就是想为学生做个如何分析问题、解决问题的示范，因为分析是解题中关键的一环，学会分析问题、解决问题也是教学目标之一。其中，典型例题的教学是展示双基应用的主要载体，分析典型例题的解题过程是让学生学会解题的有效途径，一方面学生能够理解例题解法，另一方面能从中模仿学习如何分析问题，能够仿照例题解决类似的变式问题。所以，双基教学中教师不仅是知识的讲授者，同时也是关于知识的理解、思考、分析和运用的示范者。难怪人们认为双基教学就是记忆、模仿加练习，这里，教师确实提供了各种供学生模仿的示范行为。

然而，如果教师不做出示范，学生就难以在较短的时间内学会这些技能。所以，双基教学中，教师的示范性特征使得基础知识、基本技能的学习掌握变得容易。其实，教师的示范作用十分重要，如刚刚开始接触几何命题的推理证明时，书写表达的示范、思路分析的示范对学生学习几何都是非常有益的。教师的示范是体现在师生共同活动中的，不是教师做学生看的表演式示范。另外，许多时候，教师显性提问让学生回答，学生在表达过程中可能出现许多不太准确的表述，教师在学生回答过程中给予正确的重复，或者在黑板上板书学生说的内容时随时给予更正、规范，学生在回答问题的过程中出现的一些不准确的语言表达得到了修正，同时也为全班学生做了示范，这对学生准确地使用学科语言进行交流是非常有意义的。

3. 层次性

双基教学内隐着一种层次递进性。在教学安排方面，一般是铺垫引入，由浅入深，快慢有度，步子适当，有层次上升。概念原理分析讲解方面，教师多以举例说明，以例引理，以例释理，让学生历经从低层次直观感受到高层次概括抽象。这些都体现了双基教学的层次性。双基教学中，练习占有很重的分量，体现为双基训练。同样，练习安排也具有层次性。在双基训练设计中，习题分层次给出，分阶段让学生训练，先是基本练习，再是变式训练，然后是综合练习，最后是专题练习。学生通过各种层次的练习，能有效地实现知识的内化，理解各种知识状态，熟悉各种应用情境。

4. 巩固性

双基教学的另一个内隐特征是知识经常得到系统回顾，注重教学的各个关口的复习巩固。理论上讲，知识的理解、掌握和应用不是一回事，理解、领会了某种知识可能并不能掌握或记忆住这一知识，也可能不会运用这一知识，能不能掌握、记住记不住、会不会用与知识的学习理解过程不是一脉相承的，知识的掌握、应用是另一个环节。双基教学的一个优势就是融知识的学习理解与知识的记忆、掌握、应用于一体，新知识学习之后紧接着就是知识的应用举例，再接着是知识的应用练习巩固，从而达到这样一种效果：在应用举例中初步体会知识的应用、增强对知识的理解，在练习训练中进一步理解知识、应用知识、掌握知识、巩固知识，直至熟练运用知识。双基教学中，每堂课第一个环节一般都是复习，组织学生对已学的旧知识做必要的复习回顾，通常包括两类内容：

①对前次课所学知识的温故，其目的在于通过这些知识再现于学生，使之得到进一步巩固；②作为新知识论据的旧知识，不是前次课所学知识，而是学生早先所学现在可能遗忘的，这种复习的目的在于为新知识的教学做充分的准备。

作为复习形式，以提问或爬黑板形式居多。最后一个教学环节是小结，每当新知识学习后教师都要进行小结巩固，即时复习，形式多样，包括对刚学习的新概念、新原理、新定律或公式内容的复述、新知识在解题中的用途和用法以及解决问题的经验概括。这两个教学环节分别对旧知和新知起到巩固作用。教师通常采用复习课形式进行阶段性复习巩固，这种复习课的突出特点是"大容量、高密度、快节奏"。一个阶段所学习的知识技能被梳理得脉络清楚、条理，促使知识进一步结构化；大量的典型例题讲解，使知识的应用能力大大加强，问题类型一目了然，知识的应用范围一清二楚，知识如何应用得到进一步明晰。复习之后就是阶段性测验或考试，这为进一步巩固又提供了机会。至此，我们可以给双基教学一个界定：双基教学是注重基础知识、基本技能教学和基本能力培养的，以教师为主导以学生为主体的，以学法为基础，注重教法，具有启发性、示范性、层次性、巩固性特征的一种教学模式。

三、新课程理念下"双基"教学

"双基"是指"基础知识"和"基本技能"。中国数学教育历来有重视"双基"的传统，同时社会发展、数学的发展和教育的发展，要求我们与时俱进地审视"双基"和"双基"教学。我们可以从新课程中新增的"双基"内容，以及对原有内容的变化（这种变化包括要求和处理两个方面）和发展上去思考这种变化，去探索新课程理念下的"双基"教学。

（一）如何把握新增内容的教学

这是教师在新课程实施中遇到的一个挑战。为此，我们首先要认识和理解为什么要增加这些新的内容，在此基础上，把握好"标准"对这些内容的定位，积极探索和研究如何设计和组织教学。

随着科学技术的发展，现代社会的信息化要求日益加强，人们常常需要收集大量的数据，根据新获得的数据提取有价值的信息，做出合理的决策。统计是研究如何合理地收集、整理和分析数据的学科，为人们制定决策提供依据；随机现象在日常生活中随处可见；概率是研究随机现象规律的学科，它为人们认识客观世界提供了重要的思维模式和解决问题的方法，同时为统计学的发展提供了理论基础。因此，可以说在高中数学课程中统计与概率作为必修内容是社会的必然趋势与生活的要求。例如，在高二"排列与组合"和"概率"中，有一部分重要内容"独立重复试验"，作为这部分内容的自然扩展，本章中安排了二项分布，并介绍了服从二项分布的随机变量的期望与方差，使随机变量这部分内容比较充实一些。本章第二部分"统计"与初中"统计初步"的关系十分紧密，可以认为，这部分内容是初中"统计初步"的十分自然的扩展与深化，但由于学生在学习初中的"统计初步"后直到学习本章之前，基本上没有复习"统计初步"的内容，对这些内容的遗忘程度会相当高，因此，本章在编写时非常注意联系初中"统计初步"的内容来展开新课。再如，在讲抽样方法的开始时重温：在初中已经知道，通常我们不是直接研究一个总体，而是从总体中抽取一个样本，根据样本的情况去估计总体的相应情况，由此说明样本的抽取是否得当对研究总体来说十分关键，这样就会使学生认识到学习抽样方法十分重要。又如在讲"总体分布的估计"时，注意复习初中"统计初步"学习过的有关频率分布表和频率分布直方图的有关知识，帮助学生学习相关的内容。另外，在学习统计与概率的过程中，将会涉及抽象概括、运算求解、推理论证等能力，因此，统计与概率的学习过程是学生综合运用所学的知识，发展解决问题能力的有效过程。

由于推理与证明是数学的基本思维过程，是做数学的基本功，是发展理性思维的重要方面；数学与其他学科的区别除了研究对象不同之外，最突出的就是数学内部规律的正确性必须用逻辑推理的方式来证明，而在证明或学习数学的过程中，经常要用合情推理去猜测和发现结论、探索和提供思路。因此，无论是学习数学、做数学，还是对于学生理性思维的培养，都需要加强这方面的学习和训练。因此，增加了"推理与证明"的基础知识。在教学中，可以变隐性为显性、分散为集中，结合以前所学的内容，通过挖掘、提炼、明确化等方式，使学生感受和体验如何学会数学思考方式，体会推理和证明在数学学习和日常生活中的意义和作用，提高数学素养。例如，可通过探求凸多面体的面、顶点、棱之间的数量关系，通过平面内的圆与空间中的球在几何元素和性质上的类比，体会归纳和类比这两种主要的合情推理在猜测和发现结论、探索和提供思路方面的作用。通过收集法律、医疗、生活中的素材，体会合情推理在日常生活中的意义和作用。

（二）教学中应使学生对基本概念和基本思想有更深的理解和更好的掌握

在数学教学和数学学习中，强调对数学的认识和理解，无论是基础知识、基本技能的教学、数学的推理与论证，还是数学的应用，都是为了帮助学生更好地认识数学、认识数学的思想和本质。那么，在教学中应如何处理才能达到这一目标呢？

首先，教师必须很好地把握诸如函数、向量、统计、空间观念、运算、数形结合、随机观念等一些核心的概念和基本思想。其次，要通过整个高中数学教学中的螺旋上升、多次接触，通过知识间的相互联系，通过问题解决的方式，使学生不断加深认识和理解。比如对于函数概念真正的认识和理解，是不容易的，要经历一个多次接触的较长的过程，要通过提出恰当的问题，创设恰当的情境，使学生产生进一步学习函数概念的积极情感，帮助学生从需要认识函数的构成要素；需要用近现代数学的基本语言——集合的语言来刻画函数概念；需要提升对函数概念的符号化、形式化的表示等三个主要方面来帮助学生进一步认识和理解函数概念；随后，通过基本初步函数——指数函数、对数函数、三角函数的学习，进一步感悟函数概念的本质，以及为什么函数是高中数学的一个核心概念；再在"导数及其应用"的学习中，通过对函数性质的研究，再次提升对函数概念的认识和理解；等等。这里，我们要结合具体实例（如分段函数的实例，只能用图像来表示等），结合作为函数模型的应用实例，强调对函数概念本质的认识和理解，并一定要把握好对于诸如求定义域、值域的训练，不能做过多、过繁、过于人为的一些技巧训练。

（三）加强对学生基本技能的训练

熟练掌握一些基本技能，对学好数学是非常重要的。例如，在学习概念中要求学生能举出正、反面例子的训练；在学习公式、法则中要有对公式、法则掌握的训练，也要注意对运算算理认识和理解的训练；在学习推理证明时，不仅仅是在推理证明形式上的训练，更要关注对落笔有据、言之有理的理性思维的训练；在立体几何学习中不仅要有对基本作图、识图的训练，而且要从整体观察入手，以整体到局部与从局部到整体相结合，从具体到抽象、从一般到特殊的认识事物的方法的训练；在学习统计时，要尽可能让学生经历数据处理的过程，从实际中感受、体验如何处理数据，从数据中提取信息。在过去的数学教学中，往往偏重于单一的"纸与笔"的技能训练，以及在一些非本质的细枝末节的地方，过分地做了人为技巧方面的训练，如对函数中求定义域过于人为技巧的训练。特别是在对于运算技能的训练中，经常人为地制造一些技巧性很强的高难度计算题，比如三角恒等变形里面就有许多复杂的运算和证明。这样的训练学生往往感到比较枯燥，渐渐地学生就会失去对数学的兴趣，这是我们所不愿看到的。我们对学生基本技能的训练，不是单纯为了让他们学习、掌握数学知识，还要在学习知识的同时，以知识为载体，提高他们的数学能力，提高他们对数学的认识。事实上，随着科技和数学的发展，数学技能的训练，不仅是包括"纸与笔"的运算、推理、作图等技能训练，还应包括更广的、更有力的技能训练。

例如，我们要在教学中重视对学生进行以下的技能训练：能熟练地完成心算与估计；能正确地、自信地、适当地使用计算机或计算器；能用各种各样的表、图和统计方法来组织、解释、并提供数据信息；能把模糊不清的问题用明晰的语言表达出来；能从具体的前后联系中，确定该问题采用什么数学方法最合适，会选择有效的解题策略。也就是说，随着时代和数学的发展，高中数学的基本技能也在发生变化。教学中也要用发展的眼光、与时俱进地认识基本技能，而对于原有的某些技能训练，随着时代的发展可能被淘汰，如以前要求学生会熟练地查表，像查对数表、三角函数表等。当有了计算器和计算机以后，就要用能使用计算机或计算器这样的技能替代原来的查表技能。

（四）鼓励学生积极参与教学活动，帮助学生用内心的体验与创造来学习数学，认识和理解基本概念、掌握基础知识

随着数学教育改革的展开，无论是教学观念，还是教学方法，都在发生变化。但是，在大多数的数学课堂教学中，教师灌输式的讲授，学生以机械的、模仿、记忆的方式对待数学学习的状况仍然占有主导地位。教师的备课往往把教学变成了一部"教案剧"的编导的过程，教师自己是导演、主演，最好的学生能当群众演员，一般学生就是观众，整个过程就是教师在活动，这是我们最常规的教学，"独角戏、一言堂"，忽略了学生在课堂教学中的参与。

为了鼓励学生积极参与教学活动，帮助学生用内心的体验与创造来学习数学，认识和理解基本概念，掌握基础知识，在备课时不仅要备知识，把自己知道的最好、最生动的东西给学生，还要考虑如何引导学生参与，应该给学生一些什么、不给什么、先给什么、

后给什么；怎么提问，在什么时候，提什么样的问题才会有助于学生认识和理解基本概念、掌握基础知识；等等。例如，在用集合、对应的语言给出函数概念时，可以首先给出有不同背景，但在数学上有共同本质特征（是从数集到数集的对应）的实例，与学生一起分析他们的共同特征，引导学生自己用集合、对应的语言给出函数的定义。当我们把学生学习的积极性调动起来，学生的思维被激活时，学生会积极参与到教学活动中来，也就会提高教学的效率，同时，我们需要在实施过程中不断探索和积累经验。

（五）借助几何直观揭示基本概念和基础知识的本质和关系

几何直观形象，能启迪思路、帮助理解。因此，借助几何直观学习和理解数学，是数学学习中的重要方面。徐利治先生曾说过，只有做到了直观上理解，才是真正的理解。因此，在"双基"教学中，要鼓励学生借助几何直观进行思考、揭示研究对象的性质和关系，并且学会利用几何直观来学习和理解数学的这种方法。例如，在函数的学习中，有些对象的函数关系只能用图像来表示，如人的心脏跳动随时间变化的规律——心电图；在导数的学习中，我们可以借助图形，体会和理解导数在研究函数的变化，是增还是减、增减的范围、增减的快慢等问题；认识和理解为什么由导数的符号可以判断函数是增是减，对于一些只能直接给出函数图形的问题，更能显示几何直观的作用了；再如对于不等式的学习，我们也要注重形的结合，只有充分利用几何直观来揭示研究对象的性质和关系，才能使学生认识几何直观在学习基本概念、基础知识，乃至整个数学学习中的意义和作用，学会数学的一种思考方式和学习方式。

当然，教师自己对几何直观在数学学习中的认识要有全面的认识，如除了需注意不能用几何直观来代替证明外，还要注意几何直观带来的认识上的片面性。例如，对指数函数 $y=a^x$（$a>1$）图像与直线 $y=x$ 的关系的认识，以往教材中通常都是以 2 或 10 为底来给出指数函数的图象。在这种情况下，指数函数 $y=a^x$（$a>1$）的图象都在直线 $y=x$ 的上方，于是，便认为指数函数 $y=a^x$（$a>1$）的图象都在直线 $y=x$ 的上方，教学中应避免类似这种因特殊赋值和特殊位置的几何直观得到的结果所带来的对有关概念和结论本质认识的片面性和错误判断。

（六）恰当使用信息技术，改善学生学习方式，加深对基本概念和基础知识的理解

现代信息技术的广泛应用对数学课程的内容、数学教学方式、数学学习方式等方面产生了深刻的影响。信息技术在教学中的优势主要表现在快捷的计算功能、丰富的图形呈现与制作功能、大量数据的处理功能等方面。因此，在教学中，应重视与现代信息技术的有机结合，恰当地使用现代信息技术，发挥现代信息技术的优势，帮助学生更好地

认识和理解基本概念和基础知识。例如，在函数部分的教学中，可以利用计算机画出函数的图象，探索它们的变化规律，研究它们的性质，求方程的近似解，等等。在指数函数性质教学中，可以考虑首先用计算机呈现指数函数 y=ax（a>1）的图象，在观察过程中，引导学生去发现当 a 变化时，指数函数图象成菊花般的动态变化状态，但不论 a 怎样变化，所有的图象都经过点（0，1），并且会发现当 a>1 时，指数函数单调增。

通过对高等数学的教学，发现制约高等学校高等数学教学质量的主要原因在于高等学校的数学教学与中学数学教学的脱节。这不仅表现在教材内容的衔接上，也表现在教学中对学生的要求上。例如，求极限时，学生在课堂上不能够使用三角公式进行和差化积，问其原因，学生回答说："高中数学老师说和差化积公式不用记，高考卷子上是给出的，只要会用。"这样做的结果导致学生的基础严重不牢固，给高等数学学习带来障碍和困难。为了改变这种基础教育与高等教育严重脱节的问题，要求高等学校的教育教学进行改革，从教育教学理念到教材内容进行全方位的改革，使之与当前我国的教学改革相适应。实现基础教育改革的目标与价值，删减偏难怪的内容和陈旧的内容，提升教学内容把精华的部分传授给学生。基础教育阶段要按照"双基"理论加强"双基"教学，为学生后续学习奠定必要的基础。

第六节　初等化理论

近几年来，随着国家对高等数学教育的重视和政策的调控以及社会对专业技术人才需求形势的变化，高校的规模得到了快速发展，招生范围也大大扩大，同时也带来了一个问题，就是学生的文化基础参差不齐。因为招生方式的多样化，单独招生和技能高考等，有一大批中职学生进入高校，这些学生成绩不高的背后，往往反映出他们的数学思维能力低、数学思想差的特点。让这样的学生学习高等数学是比较困难的。高等数学教育属于高等教育，但是又不同于高等教育。它的根本任务是培养生产、建设、管理和服务第一线需要的德智体美全面发展的高等技术应用型专门人才，所培养的学生应重点掌握从事本专业领域实际工作的基本知识和职业技能，所以高等数学就是一门服务于各类专业的重要的基础课。数学在社会生产力的提高和科技水平的高速发展上发挥着不可估量的作用，它不仅是自然科学的基础，而且也是每个学生必须学会的一门学科，所以高等数学教育应重视数学课；但又因为高校教育自身的特点，数学课又不应过多地强调逻辑的严密性、思维的严谨性，而应将其作为专业课程的基础，采取初等化教学，注重其应用性，注重学生思维的开放性、解决实际问题的自觉性，以提高学生的文化素养和增强学生就业的能力。

首先从教材上来说，过去的高校的高等数学教材不是很实用。进入 21 世纪后，教育部先后召开了多次全国高等数学教育产学研经验交流会，明确了高等数学教育要"以服务为宗旨，以就业为导向，走产学研结合的发展的道路"，这为高等数学教育的改革指明了方向。在我们编写的高校教材时，就特别注意了针对性及定位的准确性——以高校的培养目标为依据，以"必需、够用"为指导思想，在体现数学思想为主的前提下删繁就简、深入浅出，做到既注重高等数学的基础性，适当保持其学科的科学性与系统性，同时更突出它的工具性；另外注意教材编排模块化，为方便分层次、选择性教学服务。在高等数学的教学上，也基本改变了过去重理论轻应用的思想和现象，确立了数学为专业服务的教学理念，强调理论联系实际，突出基本计算能力和应用能力的训练，满足了"应用"的主旨。

我们知道，数学在形成人类理性思维方面起着核心的作用，我们所受到的数学训练、所领会的数学思想和精神，无时无刻不在发挥着积极的作用。所以，在高等数学的教学中，要尽可能多地渗透数学思想，让学生尽可能多地掌握数学思想。另外数学是工具，是服务于社会各行各业的工具，作为工具，它的特点应该是简单的，能把复杂问题简单化，才应该是真数学。因此，若能在高等数学教学中，用简单的初等的方法解决相应问题，让学生了解同一个实际问题，可以从不同的角度、用不同的数学方法去解决，对开阔学生的学习视野、提高学生学习数学的兴趣与能力都是很有帮助的。

微积分是高等数学的主要内容，是现代工程技术和科学管理的主要数学支撑，也是高校、高专各类专业学习高等数学的首选。要进行高校高专的高等数学的教学改革，对微积分教学的研究当然要首当其冲。所谓微积分的初等化，简单地说就是不讲极限理论，而直接学习导数与积分，这种方法也是符合人们的认知规律与数学的发展过程的。纵观微积分的发展史，是先有了导数和积分，后有的极限理论。因为实际生活中的大量事物的变化率问题的存在，有各种各样的求积问题的存在，才有了导数和定积分的；为使微积分理论严格化，才有了极限的理论。学习微积分，是由实际问题驱动，通过为解决实际问题而引入、建立起来的导数与积分概念的过程，使学生学会处理实际问题的数学思想与方法，提高他们举一反三用数学知识去解决实际问题的能力。按传统的微积分内容的教学处理，数学这种强烈的应用性被滞后了，因为它要先讲极限理论，而在初等化的微积分中，上来就从实际问题入手，撇开了极限讲导数、讲积分，正好顺应了用"问题驱动数学的研究、学习数学"的时代潮流。在初等化的微积分中，积分概念就是建立在公理化的体系之上的，由积分学的建立，学生可以了解数学公理化体系的建立过程，学习公理化方法的本质，学习如何用分析的方法，从纷繁的事实中找出基本出发点，用讲道理的逻辑方式将其他事实演绎出来，这对学生将来用数学是大有益处的，也为将来进一步学习打下了基础。

在初等化微积分中，通过对实际问题的分析引入了可导函数的概念，使学生清楚地看到，问题是怎样提出的、数学概念是如何形成的。类比中学已经接触到的用导数描述曲线切线斜率的问题，使学生了解到同一个实际问题可以用不同的数学方式去解决的事实，从而可以有效地培养学生的发散思维及探索精神。在高等数学初等化教学中，极限的讲述是描述性的，而不用语言的，难度大大下降，体现了数学的简单美。

在微积分的教学中，不仅要渗透数学思想，同时也要兼顾学生继续深造的实际情况。所以高等数学中微积分初等化的教学可以这样进行：

一、微分学部分

微分学部分采取传统的"头"＋初等化的"尾"的讲法，即"头"是传统的，按传统的方法，依次讲授"极限—连续—导数—微分—微分学的应用"，其中极限理论抓住无穷小这个重点，使学生掌握将极限问题的论证化为对无穷小的讨论的方法；"尾"引进强可导的概念，简单介绍可导函数的性质及与点态导数的关系，把"微分的初等化"作为微分学的后缀，为后面积分概念的引进及积分的计算奠定基础，架起桥梁。此举不仅在于使学生获得又一种定义导数的方法，更重要的是，可以揭去数学概念神秘的面纱，开阔学生的眼界，丰富学生的数学思维，激发学生敢于思考、探索、创造的信心。

二、积分学部分

积分学部分采取初等化的"头"＋传统的"尾"的讲法，积分学的"头"通过实际问题驱动，引入、建立公理化的积分概念，再利用可导函数的相关性质推出牛顿—莱布尼茨公式，解决定积分的计算问题。最后从求曲边梯形面积外包、内填的几何角度，介绍传统的积分定义的思想。这样处理的结果，不但使学生学习了积分知识，而且能够使学生学到数学的公理化思想，学到解决实际问题的不同数学方法，对培养、提高学生的数学素质是大有好处的。

设想二：

由于导数、积分等概念只不过是一种特殊的极限，若将极限初等化了，导数、积分等自然就可以初等化了，所以可以不改变原来传统的微积分的讲授顺序，只是重点将极限概念初等化一下即可，也就是不用语言，而是用描述性语言来讲极限这样的讲法，虽然与传统的微积分教学相比没有太大的改动，但能使学生对与极限有关知识的学习不仅有了描述性的、直观的认识，而且能对与极限有关问题进行证明，达到了培养、提高学生论证的数学思想与能力的目的。

在高等数学教学中，用简单的初等化方法教学，既能符合高校教育的特点，满足高校学生的现状，也能让学生掌握应有的高数知识和数学思想，对提高学生的素质和将来的深造都能打下良好的基础。

第二章　高等数学教学模式研究

第一节　基于微课的高等数学教学模式

伴随着信息科技技术的快速发展，教育信息化已然成为不可逆转的时代潮流。其中微课当属教育信息化的典型模式之一，其在推动教育信息化发展方面功不可没。目前，将微课教学模式引入高等院校教学中，切实提升教学质量，已经成为高等院校教学中亟待研究的重要课题。因此本节以高等数学为研究对象，探究如何将微课和高等数学教学模式融合到一起。

一、微课基本概述

微课的概念诞生于 2008 年，最初由美国新墨西哥州圣胡安学院的高级教学设计师、学院的在线服务经理 David Penrose 提出。她将课程的要点进行提炼，并制作成十几分钟的视频上传到网络，而后被称为"一分钟教授"。相对于国外来说，国内关于微课的研究起步相对较晚，2010 年广东佛山教育局的胡铁生提出了微课教学理念。他指出：微课主要基于视频这种传达方式，将教师在课堂教育教学中围绕某一个知识点或者教学环节展开的精彩教学活动全过程呈现出来。其特点如下：

（一）教学时间

微课教学内容中最为关键的载体就是教学视频。该视频要求短小且精悍。依据学生的认知特点以及学习规律，其注意力的高度集中时间不宜太长。通常而言，最佳的微课时长应该为 5~8 分钟，需控制在 10 分钟之内。

（二）教学内容主题明确

微课的内容必须完整，并且通俗易懂，能够在短时间内完整呈现相关知识点，同时还要容易被学习者接受，有利于提升教学效果。同时微课视频中不仅仅包含文字内容，还有图片、声音等内容，能够更加生动地阐述知识点全貌，便于激发学生的学习兴趣，提升学习效率。

（三）教学模式便于操作

因为微课主要的传达方式为视频，且其容量较小、内容精悍。运用网络传播平台便可以实现在线观看微课视频的功能，也可以实现师生间的视频交流学习。在微课教学模式下，学生不仅仅再局限于教室和学校，尤其是随着信息技术和网络技术的不断发展，学生能够利用手机、笔记本、iPad 等移动终端来实现微课学习。可以说，微课不再受地域以及播放终端的约束，能够实现跨时空、跨区域的移动学习。

二、高等数学微课设计的主要类型

（一）课前预习微课

学生在中学时期已经初步接触了部分高等数学的基础内容。由于高等数学的应用性相对较强，因此教师开发设计微课时，需要恰当把握学生已有基础知识和新知识之间的切合点。或者依据知识点相关的实际问题，设计一个简短的引入片段。例如，可以将变速直线运动的瞬时速度问题以及曲线的切线问题设计为导数概念的课前预习微课内容。学生可以利用手机或者是平板电脑等在课前观看预习微课，从而为新课的学习奠定基础，取得听课的主动权。

（二）知识点讲授式微课

高等数学的教学内容较为丰富，知识点也比较多，学生在学习的时候，难以把握好重点。因此教师在制作微课的时候，应该将其中一个知识点作为一个单元，尤其要针对其中的重难点问题设计微课。例如，关于函数、极限和连续模块的微课，就可以设计为初等函数的概念、函数极限的定义、等价无穷小、重要极限、函数的连续性、函数的间断点和分类、零点定理等。要求和知识点相关的微课设计短小而精悍，突出重难点。学生可以依据自身的实际状况，随时进行学习，同时将其纳入自身的知识体系中去。

（三）例题习题解答式微课

对于学生集中反映出的典型例题或者是习题，将其设计成微课也可以满足学生的不同需求。例如，将求函数极限的不同方法归纳及典型例题，积分上限的函数求导问题，利用不同的坐标系来计算三重积分等等。将这些典型的例题和习题分类整理制作成微课，让学生反复观看，能够起到举一反三的重要作用。

（四）专题问题讨论式微课

高等数学的知识点既来源于实际，又应用于实际。因此在实际教学过程中，教师应结合不同学生的专业背景，结合相应的知识点，设计一些小的专题，组织学生开展小规模的讨论并制作成微课。这样学生就能够利用微课不断巩固相关知识要点，对于提高学习效率作用甚大。

三、高等数学微课教学模式实施

在高等数学教学中引入微课，教师需要首先综合分析教学目标、教学对象和教学内容，同时运用信息化的教材或者是微信平台，将微课视频教学资源进行发布。同时教师还应该结合不同学生的专业背景，设计一些具有针对性的问题，以便于学生自主通过查阅相关资料并结合自身所学来加以分析和解决。此外，学生还可以通过微课视频自主组织学习或者是分组协作学习，反复思考，从而不断构建自身的知识体系，同时将相关问题带到课堂进行讨论和交流。

在高等数学课堂上，教师需要认真分析和总结学生提出的难点和问题，找到学生普遍难以理解的共性问题，且具备一定探究意义的问题，组织学生开展小组讨论，以便于培养学生自主探究问题和解决问题的能力。课堂最后，教师还应该结合微课视频，将知识点中的重难点进行系统的归纳和总结。教师逐渐由课堂知识的传授者转变为组织者、合作者以及释疑者，学生则变成了课堂的主角和知识的挑战者。课堂授课结束后，教师还应该分发微课视频给学生，以便于学生反复观看，更好地巩固相关知识要点，同时引导学生进行自主总结学习，并对学生提交的总结予以反馈评价。引导学生开展网上互动讨论，以便于激发学生的学习热情。

例如，在对定积分的应用进行讲解时，教师应首先明确教学内容，也就是定积分的元素法。然后将制作好的预习微课提前发给学生，以便于学生课前做好相关的准备工作。在课堂上，教师和学生应统一需要探究的问题。如可以将定积分的元素法应用时需要满足的条件、步骤、如何求解平面图形的面积和旋转体的体积等作为需要共同探究的问题。并积极引导学生进行讨论，探究解决办法。课堂最后，教师可以结合微课视频，将定积分的元素法以及应用进行归纳提炼，构建一个完整的知识框架。课后，教师将微课视频分发给学生，引导其进行自主讨论和探索，并及时对学生的学习成果予以评价和反馈。

总之，微课是当前高等教学工作中的全新理念。本节以高等数学作为研究对象，探究了微课在高等数学教学中的具体应用模式和应用思路。当然了微课时代的到来，不能否认了传统教学模式中好的做法，而应该将微课和传统教学模式有机融合，取长补短，从而切实提升高等数学的教学质量。

第二节 基于 CDIO 理念的高等数学教学模式

高等数学是高校重要的公共基础课，而建设和发展高等数学直接影响着高校人才的培养。现阶段许多高校都在积极开展 CDIO 人才培养模式，CDIO 代表构思（Conceive）、设计（Design）、实现（Implement）和运作（Operate），其主要以产品研发到运行的整个生命周期作为媒介，促使学生通过主动、实践、课程间有机联系的方式开展学习。将 CDIO 理念切实应用到高等数学教学模式中，具有十分重要的现实意义。因此，本节主要对基于 CDIO 理念的高等数学教学模式进行了深入探究。

一、CDIO 理念对高等数学教学模式的要求

（一）强调学生处于中心主动地位

CDIO 理念强调学生的中心主动地位，改变了传统以教师为主导的教学理念，强调学生主动参与教学，强调学生自主学习。

（二）强调培养学生的实践能力

CDIO 理念强调学生实践能力的培养，CDIO 理念要求学生从传统的听数学转变为做数学，以培养学生自主学习的能力为目标。此理念能够激发学生探究数学的兴趣与爱好，有助于提高学生自主学习、分析与适应能力，这不仅有利于提高学生的数学能力，还能够锻炼学生为人处世的正确方式，让学生终身受益。

（三）强调培养学生的综合素质

CDIO 理念是基于课堂教学为载体，让学生体会数学课程的趣味性，让学生愉快地学习。CDIO 理念既能够提高学生的数学学习能力、培养学生良好的道德意识，还可以从根源上提高学生的团队合作能力与综合素质。

二、基于 CDIO 理念的高等数学教学模式

（一）调动学生的学习兴趣

基于 CDIO 理念，必须改变传统的教师本位教学模式，尊重学生的主体地位，引导学生积极参与教学活动。从高等数学教师角度出发，重视培养学生的非智力因素，调动学生对高等数学的学习兴趣，全面实现智力因素与非智力因素的有机融合，以便于进一步培养学生良好的数学素质与数学能力。例如，在新学期初期，教师可以专门选择一定

的时间，为学生阐述高等数学的趣味性与必要性，并结合实例强调高等数学的实用性。在日常教学中，正确解释知识点的背景，不必强调知识点本身，从而调动学生的学习兴趣与积极性，培养学生在高等数学中的应用与创新能力，促使学生切身感受高等数学的有效作用。

（二）增强教师的教学能力

基于 CDIO 理念，加强教师专业能力培养，确保其能够理解每位学生，关注学生的专业课程与未来发展。高校应合理安排固定的数学教师开展高等数学课程教学工作，每学期进行多次数学教师与专业课程教师的交流活动，以此明确教学重点。与此同时，适当安排数学教师进行专业讲座，以保证高等数学教学得以消解，更好地融入专业应用实例中去，使学生了解高等数学在解决专业问题中的优势作用，以此自主提高自身的数学应用能力。另外，高校也应为优秀教师开设公开课程，为其他教师提供模范榜样，而年轻教师也可以进行一对一相互辅助带动活动，以提高全体高等数学教师的 CDIO 能力与素养，确保高等数学整体的教学效果。

（三）合理地调整教学内容

传统高等数学教学强调理论证明和解决问题的技巧，并不重视实践教学，从而难以激发学生的学习积极性与兴趣。因此，基于 CDIO 理念，必须调整数学教学内容，适当增加实践性内容与应用案例。在日常教学和实践教学中，合理整合专业应用实例，构建数学模型，利用 MAT 软件解决问题，使学生在实践中自主学习。根据学生的实际情况和专业课要求，科学调整高等数学教学的具体内容，提高教学内容的深度与广度，为不同专业设置不同的数学课程结构。进一步简化数学理论的整个推理过程，加强对常规性问题解决方法的讲解，不过分强调解决问题的技巧。此外，还可以增加数学建模课程，鼓励学生积极参加竞赛，有机结合课堂教学与课外活动，提高学生的能力与专业素养。

（四）科学地创新教学方法

为了提高教学效果，应该摒弃传统教师讲解与学生听讲的教学模式，促进教学方法实现多元化。其中最为有效的教学方法主要有四种：其一，案例教学。教师为主导案例选择，结合案例提问，引导学生独立思考，提出自己的观点。在这一过程中，要合理把握具体与抽象、特殊与一般的关系，帮助学生熟练掌握具体问题的解决方法。其二，模块教学。高等数学与专业课相结合，不同的专业采用与之相适应的教学模块，如基础模块、技能模块、扩展模块等。其中，基础模块应包括各专业的基本知识，技能模块应着眼于专业的应用方向，拓展模块强调知识点的升华，技能模块强调知识点的实际应用，而扩展模块则强调在应用的基础上做进一步创新。通过模块设置、学生分组、任务分配、具体实施、评价总结，促进教学活动得以有序进行。其三，网络教学。高校需要构建健全的网络教学平台，实现网上交流与师生互动，确保学习活动能够不限时间与地点地进行。其四，实验教学。实验教学可以引入高等数学教学中，通过实验解释和验证理论知识体系。在实践操作中，实验教学可以选择选修课模式，引导学生独立自主积极参与，实验教学形式可以利用数学建模或实验，通过简单的应用学科，鼓励学生自主查阅数据，分析并解决问题，还可以采用计算机与数学软件，从而提高教学效率与质量。通过实验分析，鼓励学生深入理解并应用高等数学知识。

（五）进一步健全评价体系

针对现行的以考试为导向的评价体系，应及时完善，并将教学过程评价纳入评价体系。高校必须认识到高等数学实验课注重学生实践应用能力的培养，并积极改进考试方法，采用理论考试与技能考核相结合的方法，其中，理论考试成绩占总分的 70%，实验成绩和平时成绩占 30%。与此同时，增加高等数学期中考试，确保学生能够理解问题，提高复习的针对性。

（六）全方位渗透建模思想

CDIO 理念的核心在于鼓励学生加强实践学习，数学建模实践就是有效体现。对此，高等数学教师可以在教学中积极引进数学建模思想，引导学生通过多种教学方法，基于高等数学的实用性，以学生为主体，培养其数学知识的实际应用能力，以此保证学生可以深入理解高等数学的深层内涵，展示高等数学中所涉及的方式方法，并将其作为学习工具。在教学过程中，保证学生具备数学建模能力与知识应用能力，能够运用数学知识解决实际问题，要求学生熟练掌握数据收集、数据分析、模型建立以及求解的整个过程，在实践教学基础上，构建健全的学习平台，调动学生的数学学习兴趣。例如，在教学中，可以引入学生在日常生活中常见的问题，如食堂的座位问题，中午或下午就餐高峰期，食堂座位有限，不能满足就餐需求，利用数学建模，加以解决。以此方式，数学建模思想便可以渗透到高等数学教学中，学生可以在实践中深入学习。

综上所述，新时期，高等数学教学面临着许多新需要和要求，同时也逐渐衍生出一系列新的问题，要求高校予以重视。CDIO 理念能够充分调动学生的数学学习积极性，有助于提高学生自主学习能力，并大大提高教学效率与质量。因此，严格按照 CDIO 教学理念，对高等数学教学现状进行详细分析，促进教学模式实现深化改革与创新发展，不仅要改革教学内容与方式，加强师资队伍建设，还要配置多元化的教学方法与健全的考核评价体系，以提高高等数学教学效率，促使学生的高等数学技能与素质得到全面提升。

第三节　基于分层教学法的高等数学教学模式

高等数学是高等教育一门重要的基础课程，对学生的专业发展起到了重要的补充作用。传统的高等数学教学模式已经不适合现代高等教育发展的需要，必须改变现有的教学模式，建立一种新型教学模式以适合现代企业用人的需求。本节主要介绍并分析了高等数学现有媒体资源和学生学习状况、分层教学法在高等数学中应用的依据、高等数学分层教学实施方案、分层教学模式，并阐述了基于分层教学法的高等数学教学模式构建，希望为专家和学者提供理论参考依据。

一、现有媒体资源介绍和学生学习状况分析

（一）高等数学现有媒体资源介绍

教材是教学的最基础资源，但现在高等数学教材基本都是公共内容，体现为专业服务的知识很少，也就是知识比较多，但根据专业发展的针对性不足。现在为了学生的专业发展高等数学教材也一直在改变，但现在还是有一定章节的限制，没有完全根据学生的专业发展，进行有效的教学改革。高等数学是一门公共基础课，传统教学就是对学生数学知识的普及，但现代高等教育对高等数学课提出了新要求，不仅是数学知识的普及，同时也要提升到为学生专业发展服务方面上来，就是在基础知识普及的过程中提升学生的专业发展，全面提高学生素养，培养企业需要的应用型高级技术人才。

（二）学生学习状况分析

高等数学是一门重要的基础课程，这个学科本身就具有一定的难度，但现在应用型本科院校学生的数学基础普遍不好，有一部分同学高考数学分数都没有达到及格标准，这会给学生学习高等数学带来一定的难度，大学的教学方法、教学模式、教学手段与高中有一定的区别，大一就学习高等数学会给学生带来一定的挑战，教师需要根据学生的实际情况、专业的特点，科学有效地采用分层教学法，着重提高学生实践技能，增强学生创新意识，提高学生创新能力。

二、分层教学法在高等数学中应用的依据

分层教学法有一定的理论依据，起源于美国教育家、心理学家布鲁姆提出的"掌握学习"理论，这是指导分层教学法的基础理论知识，但经过多年的实践，对其理论知识

的应用有了一定的升华。现在很多高校在高等数学教学中采用分层教学法，高校学生来自祖国四面八方，学生的数学成绩参差不齐，分层教学法就是结合学生各方面的特点进行有效分班，科学地调整教学内容，对提高学生学习高等数学的兴趣起到一定的作用，也能解决学生之间个性差异的问题。分层教学法可以根据学生的发展需要，采用多元化的形式进行有效分层，其目标都是提高学生学习高等数学的能力，提高利用高等数学解决实际问题的能力，全面培养学生知识应用能力，符合现代高等教育改革需要，对培养应用型高级技术人才起到保障作用。

三、高等数学分层教学实施方案

（一）分层结构

分层结构是高等数学分层教学实施效果的关键因素，必须结合学生学习特点及专业情况科学合理地进行分层，一般情况都根据学生的专业进行大类划分，比如综合型大学分理工与文史类等，理工类也要根据学生专业对高等数学的要求进行科学合理的分类，同一类的学生还需要结合学生的实际情况进行分班，不同层次学生的教学目标、教学内容都不同，其目标都是提高学生学习高等数学的能力，提高学生数学知识的应用能力。分层结构必须考虑多方面因素，保障分层教学效果。

（二）分层教学目标

黑龙江财经学院是应用型本科院校，其高等数学分层教学目标就是以知识的应用能力为原则，通过对高等数学基础知识的学习，让学生掌握一定的基础理论知识，提高其逻辑思维能力，根据学生的专业特点，重点培养学生在专业中应用数学知识解决实际问题的能力。高等数学分层教学目标必须明确，要符合现代高等教育教学改革需要，不仅要对提升学生知识的应用能力起到保障作用，同时也要对学生后继课程的学习起到基础作用。高等数学是很多学科的基础学科，对学生的专业知识学习起到基础保障作用，分层教学就是根据学生发展方向，有目标地整合高等数学教学内容，结合学生学习特点，采用项目教学方法，对提高学生知识应用能力、分析问题、解决问题的能力起到重要作用。

（三）分层教学模式

分层教学模式是一种新型教学模式，是高等教学模式改革中常用的一种教学模式，根据需要进行分层，分层也采用多元化的分层方式，主要针对学生特点与学生发展方向进行科学有效的分层教学。每个层次的学生学习能力都不同，确定不同的教学目标、教学内容，实施不同的教学模式，其目标是全面提高学生高等数学知识的应用能力，在具体工作中，能采用数学知识解决实际问题。研究型院校与应用型院校采用的分层教学模式也不同，应用型院校一般使高等数学知识与学生专业知识进行有效融合，提高学生知识的应用能力。

（四）分层评价方式

以分层教学模式改革高等数学教学，经过实践证明是符合现代高等教育发展需要的，但检验教学成果的关键因素是教学评价，教学模式改革促进教学评价的改革。对于应用型本科院校来说，教学评价需要根据高等数学教学改革需要，进行过程考核，重视学生高等数学知识的应用能力，注重学生利用高等数学知识解决职业岗位能力的需求，取代传统的考试模式。高等数学也需要进行一定的理论知识考核，在具体工作过程中，需要将理论知识与实践知识相结合，这是高等数学分层教学模式的教学目标。

四、分层教学模式的反思

分层教学模式在高等教育教学改革中有一定的应用，但在实际应用过程中也存在一定的问题。首先，教学管理模式有待改善，分层教学打破传统的班级界限，这给学生管理带来一定的影响，必须加强学生管理，以对教学起到基本保障作用。其次，对教师素质提出了新要求，分层教学模式的实施要求教师不仅具有丰富的高等数学理论知识，还应该具有较强的实践能力，符合现代应用型本科人才培养的需要。最后，根据教学的实际需要，选择合理的教学内容，利用先进的教学手段，提高学生学习兴趣，激发学生学习潜能，提高学生高等数学知识的实际应用能力。

总之，高等数学是高等教育的一门重要公共基础课程，在高等教育教学改革的过程中，高等数学采用分层教学模式进行教学改革，是符合现代高等教育改革需要的，尤其在教学改革中体现高等数学为学生专业发展的服务能力，符合现代公共基础课程职能。高等数学在教学改革中采用分层教学模式，利用现代教学手段，采用多元化的教学方法，对提高学生的高等数学知识应用能力起到了保障作用。

第四节　将思政教育融入高等数学教学模式

"课程思政"是当前各高等院校教学改革的一个重要方向，本节从时间优势、内容优势等方面对高等数学课程开展课程思政进行了可行性分析，指出了高等数学开展课程思政要解决的两个关键问题：一是要让教师充分认识到课程思政的重要性和必要性；二是要根据高等数学课程的特点，深入挖掘思政元素。给出了高等数学进行课程思政的途径与方法，即通过"课程导学"对学生进行思想教育，帮助学生树立学习目标，用数学概念、数学典故对学生进行爱国主义教育，引导学生学会做人做事，树立正确的人生观和价值观，用数学家的丰功伟绩激励和鞭策学生勤奋学习，立志成才。

高等数学是高等院校理工类、经管类各专业最重要的公共基础课，只有学好高等数学，才能顺利学习后续的专业课程。同时，高等数学课程也是大学理工科学生课时最长的基础课之一，因此，在"课程思政"中高等数学是不应该缺位的，作为高等数学教师，应积极开展课程思政教学改革。本节在课堂教学实践的基础上，分析与探索在高等数学课程中开展"课程思政"的有效途径与方法，将素质教育融入高等数学课堂，为实现"立德树人"这一教育目标尽一份力量。

一、高等数学开展课程思政的可行性分析

（一）高等数学进行课程思政的时间优势

大学阶段是学生世界观、价值观、个人品德、为人处世等方面成型的黄金时期，而进入大学的第一年又是这一时期的关键节点，学生刚刚脱离父母的管束，迈进大学校园，面对陌生的校园环境与人际关系、相对自由的生活方式、无人看管的学习方式及与高中完全不同的课堂氛围等，学生在心理上难免会出现不同程度的波动，甚至会焦虑和不安。再加上社会上各种思潮及诱惑潜移默化地影响着学生人生观与价值观的形成，因此，学生的思想政治教育的最佳时机正是大学一年级。而高等数学课程恰好是大学一年级学生必修的一门重要的通识基础课，因此高等数学课程在时间节点上具有实施课程思政的优势。

另一方面，学生的思想政治教育，学生的世界观、价值观的形成绝非一朝一夕就能完成的事情，它需要教师长期不断的探索与实践才能收到良好的效果。而高等数学课程在大学理工科各专业的课程体系中，具有课时多、战线长、覆盖面广的特点，多数专业高等数学都需要至少学习两个学期，每周6学时的教学安排，因此，高等数学课程从时间跨度上来说也具有实施课程思政的优势。

（二）高等数学进行课程思政的内容优势

高等数学作为高等院校一门重要的公共基础课，对学生学好后续专业课程及学生进一步的深造都发挥着巨大的作用，教师和学生都极其重视。学生对知识获取的渴望，对数学课的看重，为高等数学课堂创造了良好的育人环境。另外，高等数学作为一门古老

而经典的学科，拥有丰富的历史底蕴和文化资源，其中许多概念、符号、性质、公式、定理等都蕴含着广泛的思想政治教育元素，具有增强学生文化自信和民族自豪感，激发学生爱国情怀的功能。所以，从高等数学的历史发展过程来看，具有与课程思政有机融合的优势。再有，数学学科揭示的是现实世界中的普遍规律，其中蕴含的哲学思想通常具有普遍性，其对学生树立辩证唯物主义的世界观具有积极意义。因此，高等数学课程在内容上具有开展"课程思政"的优势。

二、高等数学开展课程思政要解决的关键问题

（一）加强数学教师对"课程思政"的理解，消除思想误区

开展"课程思政"，教师是关键。由于长期以来形成的教学理念和教学习惯，部分数学教师对推行"课程思政"工作还存在着认识上的不足和偏差。例如，部分教师认为学生的思想政治教育是思政老师和辅导员的事情，与己无关，缺少主动性与积极性。还有一部分教师担心在课堂上开展"课程思政"会对正常的课程造成干扰，因此，要通过教研活动，改变数学教师对课程思政的认识。教师首先要相信"课程思政"在数学课程教学中对于知识传授、能力培养和价值观塑造一体化的作用，要认识到思想道德建设在学生学习中的重要性，学生只有树立正确的价值观与人生观，才能认识到数学课、专业课程的重要性，才能端正学习态度，提高学习的积极性，将来才能成为德智体美全面发展、对国家对社会有用的人才。所以教师必须将提升学生的思想道德水平作为自己的责任使命，加强对课程思政的理解，只有数学教师充分认识到"课程思政"的重要和必要性，才能重视思想政治育人工作，努力提升自身的思想政治理论水平和思想政治教育能力，实现数学课程知识传授与价值引领的有机结合，将社会主义核心价值观和为人处世的基本道理和原则融入数学教学。

（二）结合高等数学课程特点挖掘德育元素，融入课堂教学

高等数学传统的授课方式，教师的主要精力都放在数学理论知识的传授上，忽略了对数学概念所蕴含的诸如人生观、价值观、道德观等思政教育的传授。高等数学作为一门典型的自然科学类基础课程，蕴含着丰富的思想政治教育元素，数学教师应坚持以"知识传授与价值引领"相结合的原则，在不改变原有课程体系和课程重点的基础上，深入挖掘课程的思政元素，精心设计教学内容和教学环节，将思政内容巧妙地融入数学理论知识中，充分发挥高等数学课程的育人功能。教师要结合数学课程的特点，因势利导，借题发挥，努力把思想政治教育元素融入高等数学课程的教学过程中，以讲故事、课堂讨论、总结汇报等多种学生喜闻乐见的形式引导和教育学生学会做人做事，树立正确的人生观和价值观，在学习数学理论知识的同时提升学生的思想政治素质。

三、高等数学课程思政实施方案

（一）通过"课程导学"对学生进行思想教育

每一届新生入学都会面临"大学与高中"之间生活、学习和思想等多方面的衔接和挑战，在高中时期，老师和家长经常给学生灌输大学学习轻松、混一混就可以毕业等错误的观念，导致部分学生进入大学后容易松懈。因此第一堂高数课教师除了让学生了解高等数学课程的重要性、学习目标以及考核方式之外，还要抽出一部分时间对学生进行思想教育，要让学生了解大学学习对于他们今后立足社会的重要性，了解大学学习的特点，帮助学生树立学习目标及远大的理想信念，嘱咐学生不要荒废宝贵的大学时光，要努力学习，提高自己的能力，这样进入社会才会有竞争力。

（二）在传授数学知识的过程中对学生进行爱国主义教育

例如，在学习"极限"概念时，向学生介绍极限的由来，让学生了解到，早在战国时代我国就有了极限的思想，只是由于历史条件的限制，没有抽象出极限的概念，但极限思想的发现中国比欧洲早一千多年，以此对学生进行爱国主义思想教育，让学生认识到我们中华民族的智慧，消除崇洋媚外的心理，以自己是炎黄子孙而骄傲，增强民族自豪感与文化自信。

同时，要让学生了解到极限概念是数学史上最"难产"的概念之一，极限定义的明确化，是"量变引起质变"的哲学观点的很好体现，是辩证法的一次胜利，也使学生逐步树立辩证唯物主义的世界观。

（三）用数学概念、数学典故引导和教育学生学会做人做事，树立正确的人生观和价值观

例如，在讲解"极值与最值"知识点的时候，不仅要教会学生求函数的极值与最值，同时还可以让学生感悟：大多数人的一生，本质上都是在追求极大或最大值，要想达到这个极大或最大，就不能沉迷于网络游戏，必须付出辛勤的汗水，否则某些同学将会成为最小值。当真正理解了极值和最值的概念时，同学们就会明白，人的一生会遇到各种顺境和逆境（极大值与极小值），但只要胜不骄败不馁，就一定会取得人生的一个又一个成功。在今后的学习和生活中，当同学们取得一点点成绩时，千万不能骄傲自满，因为强中更有强中手，一山还比一山高，我们要认认真真做事，谦虚谨慎做人。当我们的生活和事业遇到挫折处于人生低谷时，也不要悲观气馁，或许这正是我们生活和事业的新起点，只要我们克服困难，努力拼搏，奋发向上，就一定会达到下一个极大值，一定会取得成功。

（四）用数学家的丰功伟绩激励和鞭策学生勤奋学习，立志成才

高等数学的主要内容是微积分，微积分创立于 17 世纪，经过很多著名数学家共同积累和总结，才有了微积分今天的成熟和完善，如牛顿、莱布尼兹、柯西、拉格朗日、格林等数学家在高等数学教材中被多次提到。教师可以用数学家的生平事迹激励和鞭策学生努力学习，立志成才。鼓励同学们要学习数学家、科学家身上那种坚持真理、勤奋执着的科学态度，珍惜现在求学的大好时光，脚踏实地、坚持不懈，学知识长本领，成为对社会对国家有用的人才。

（五）以"数学建模"为引领，培养学生团队合作、吃苦耐劳与坚持不懈的优秀品质

数学建模比赛的参赛过程是很辛苦的，三人一组，要求学生在三天之内利用数学方法去解决一个模拟的实际问题，上交一篇论文。通过组织学生参加数学建模比赛，让学生深刻体会到团队合作的重要性，培养他们吃苦耐劳与坚持不懈的优秀品质。

课程思政是一种新的教学理念，要想真正取得成效，关键在教师，教师要自觉将育人工作贯穿于教育教学全过程，但要注意"课程思政"不是"思政课程"，对学生的思政教育不能太刻意，不能让学生感到高数老师都变成了思政老师而引起学生的反感和抵触，要坚持数学知识传授本位不改，根据数学课程的特点，润物细无声地把思想政治教育元素融入数学课程学习过程，从而达到思政教育的目的。

第五节　基于问题驱动的高等数学教学模式

问题驱动法是高等数学教学中的一种重要教学模式，能够提高学生的主体地位，激发学习兴趣，促进学生的自主学习，进而提高数学水平，因此，在高等数学教学中对问题驱动模式进行应用有着重要作用。实际情况中，我国高等数学教学虽然有了较大发展，各类新型教学模式也不断涌现，但是受人为因素及外部客观因素的影响，依旧存在较多问题。因此，如何更好地提高高等院校数学教学质量成为教师面临的重大挑战。本节所做的主要工作就是对基于问题驱动的高等数学教学模式进行分析，提出了一些建议。

随着教育事业不断深入，我国高等数学教学有了较大进步，教学设备、教学模式不断更新，较好满足了学生的学习需求。在应用技术型这一新的高校发展理念背景下，要求教师充分激发学生的学习兴趣，营造出良好的课堂氛围，多与学生沟通交流，鼓励学生进行自主学习，以更好地提高学生的数学水平。但是很多教师都只是依照传统方式进

行教学，没有实时了解学生的学习兴趣及学习需求，致使学习效率低下，教学质量不高。因此，教师需对实际情况进行合理分析，对问题驱动模式进行合理应用，充分调动学生的自主性，以更好地确保教学效果。

一、问题驱动模式的优势分析

问题驱动模式以各类问题的提出为基础，注重激发学生的学习兴趣、调动学生的好奇心，与教学内容紧密结合，这样能够较好地提高学生的实践能力，增强学生数学学习的有效性。因此，在高等数学教学中对问题驱动模式进行应用具有较大的优势。

问题驱动模式的应用能够提高学生的主体地位。在问题驱动模式下，受好奇心的影响，学生能够自主对各类问题进行思考和分析，根据自身所学的知识来寻找解决问题的途径和方法。在获得一定成就感后，学生的学习积极性能够较好地提高，进而自主探究更深层次的数学问题，满足自身的求知欲，这样较好地提高了学生的主体地位，为学生后期的高效学习准备了条件。以往在进行数学教学时，教师为传授者，学生为接受者，教师主要采用传统满堂灌方式进行教学，在没有实时了解学生的学习情况下，对各类知识一股脑儿地进行讲解，在这种情况下，学生的学习积极性和主动性较差，学习效率也较为低下，难以提高数学学习水平。问题驱动模式以学生为课堂主体，强调促进学生的自主学习、合作学习、探究学习，教师则可依据课堂实际设置不同形式和难度的问题，并加以引导，及时帮助学生解决各类问题，以便更好地提高学生的数学学习能力。因此，在数学教学中对问题驱动模式进行应用能够较好地提高学生的主体地位，能为学生后期数学的高效学习准备条件。

问题驱动模式的应用能够提高学生的数学学习能力。在应用技术型这一新的高校发展理念背景下，对学生提出了较高要求，学生除了能学习、会学习外，还必须学会创新，能够主动学习、自主探究，这样才能更好地促进学生的全面发展，提高学生的数学水平。问题驱动法强调教授学生学习方法和学习技巧，而不只是教授学生固有的课堂知识，这就要求教师加强对学生学习能力、思维能力、实践能力的培养，站在长远的角度，以更好地帮助学生学习数学知识。数学知识的学习是为了解决实际问题、完善学生的数学知识体系，而问题驱动模式的应用则帮助学生对各类数学知识进行灵活应用，构建完善的数学知识体系，进而更好地提高学生的数学学习能力，确保教学效果。

问题驱动模式的应用能够提高学生的综合素质。在问题驱动的作用下，学生能够积极进行沟通交流，就相关问题进行讨论，查找相应的资料，这样能够培养学生的创新意识、创新能力。在新课程理念背景下，学生需具备多项功能，除了一些专业技能外，还需具有其他技能，这样能够在后期数学学习中得心应手，提高学生的综合素质。随着教育事业的不断深入，学生也应对自己提出更高的要求，而在问题驱动模式的作用下，学生的学习环境得到了较好改善，教学氛围也较为活跃，这样能够促进师生、生生之间的沟通交流，培养学生的合作意识，提高学生的综合素质，这对学生步入社会都能起到较好作用。

二、在高等数学教学中应用问题驱动模式的方法分析

在高等数学教学中对问题驱动模式进行应用时，教师需对实际情况进行合理分析，了解学生的学习需求、学习兴趣、学习能力，充分发挥问题驱动模式的作用。在高等数学教学中对问题驱动模式进行应用的方法如下：

（一）创设教学情景

数学教学过程大都存在一定的枯燥性和复杂性，若学生的学习兴趣不高，难以有效融入学习环境，将难以有效进行数学学习，影响教学效果，因此，教师在对问题驱动模式进行应用时，为了更好地发挥问题驱动模式的作用，可创设相应的教学情景，以激发学生的学习兴趣，促进教学工作的顺利开展。在创设相应的教学情景时，教师需对实际情况进行合理分析，创设适宜的教学情景，并在情景中对相应的问题进行适当融入，让学生在活跃的氛围中有效解决相应的问题，以增长学生的学习经验，提高学生的学习能力。在情景模式的创建过程中，教师将问题分成多个层次，遵循循序渐进的原则，引导学生逐渐掌握各类数学规律，总结经验，完善数学知识结构，这样能够更好地帮助学生进行数学学习。例如，在学习空间中直线与平面的位置关系时，教师可先对教学内容进行合理分析，设置出不同难度的问题。之后教师可通过多媒体对空间中直线与平面的位置关系进行表现，营造活跃的教学氛围，以激发学生的学习兴趣。之后教师可让学生带着问题进行学习，并加强引导，让学生能够进行自主学习，从难度较低的问题开始，逐渐解决一些难度较高的问题，以更好地提高学生的数学水平。

（二）促进学生间的合作

因为学生之间存在一定的差异，所以在思考问题时考虑的方向也不同，在这种情况下，可促进学生之间的合作，优势互补，进而更好确保教学效果。因此，教师可依据实际情况进行合理分组，鼓励学生进行合作，共同解决相应的数学问题，这样不仅能提高学生的数学水平，而且能增强学生的合作意识。例如，在对"圆的方程"进行学习时，教师可先对学生进行合理分组，遵循以优带差原则，之后教师可设置相应问题，鼓励学生合作解决。然后教师再针对学生不懂的问题进行讲解，以更好地帮助学生进行数学学习。

（三）加强教学反思

教学反思是提高学生数学水平的重要方式，所以加强教学反思至关重要。教师需合理分配教学时间，鼓励学生进行反思，并加强引导，提出需改进的地方，以帮助学生增长学习经验。例如，在学习微分中值定理的相关证明时，教师可先让学生自主解决各类问题，并记录不懂的知识，之后教师对一些难点知识进行针对性讲解，鼓励学生做好反思。教师需加强引导，多与学生沟通交流，以提高反思效果，确保教学质量。

在高等数学教学中，由于数学知识具有一定的复杂性，一些教师又不注重与学生进行沟通和交流，致使学生的学习积极性不高，难以确保学习效果。问题驱动模式能够激发学生的学习热情，促进学生的自主学习。因此，教师可结合实际情况对问题驱动模式进行合理应用，并加强指导，及时帮助学生解决各类数学问题，以更好地提高学生的数学水平，确保教学效果。

第三章　高等数学建模研究

第一节　高等数学建模教学的问题与对策

随着数字化时代的到来，数学知识在教育领域发挥着重要作用。高校实施数学建模教学，能够丰富数学教学内容，培养学生思维能力及分析问题能力。当前，部分高校大学生数学建模教学成果较为显著，但部分高校在数学建模中存在课程设置不够全面、教学方式单一等问题，严重影响了高等数学建模教学的开展。因此，需要高校从完善数学建模课程角度出发，探索大学数学建模教学的有效策略。

数学建模起于20世纪70年代的英国，之后传入我国。2014年，教育部明确高校培养应用型人才为今后教育改革的方向。随着国际化竞争日趋激烈，中国特色社会主义强国建设需要人才和技术支撑。因此，对于高等数学教学而言，需要开展数学建模教学，为社会培养实用型人才发挥其教育功能，不断增强学生数学研究意识以及解决问题能力。目前，许多高校已经将数学建模列入数学课程内容，以期为数学建模教学活动的顺利开展开辟新路径。

一、大学数学建模教学的重要性

数学建模实质为教学实际化。当前，我国教育改革对数学实际教学又提出了新要求。为此，需要各大高校在数学教学方面逐渐从应试教育向素质教育转变，加大实际应用操作教学力度，改变以往传统应试教学方式，为社会培养更多应用型人才提供平台。然而当前，部分高校学生还未完全意识到数学建模活动在数学教学中的重要地位。因此，加快完善高等数学建模教学成为重要任务。

（一）有利于提升学生综合素质

学生综合素质包含内容十分广泛，其中数学建模学习能提升学生数学素养以及创新思维能力。数学建模包括数学知识、数学思维、数学语言以及数学应用技巧等多方面。因此，在大学数学教学中融入数学建模思想，有助于提升学生综合素质。此外，数学建模教学要求学生具备较高的科学素养以及丰富的科学文化知识，但是大多数工科学生人文素养相对缺乏，因此，需在加强数学素养培养的同时，加强人文素养教育。

（二）有利于调动学生学习积极性

数学建模概念并非凭空捏造，而是从生活实际中抽象而成的，教师在讲解数学概念时，将建模概念、背景以及运用过程向学生充分展示，从而引起学生关注。比如教师在讲解高等数学这一课程时，可引入日常生活中"大事化小小事化了"处事原则，引导学生发现用建模知识解决问题的乐趣，从而调动学生学习数学建模的积极性。此外，教师还可在数学建模教学中增加游戏互动环节，有效提升课堂教学效果。

（三）有利于推动数学教学改革

数学是一切科学发展的基础，因此高校开展数学专业相关教学十分重要。开展数学建模教学可以检测学生自身解决问题的基本能力，从中发现数学教学中存在的问题，进而完善数学教学改革。对于数学建模教学而言，组织学生参加数学建模培训、参与数学建模竞赛活动等内容不仅能提升学生综合素质，而且有利于完善数学教学课程，推动数学教学改革。

二、高等数学建模教学中的问题

近年来，许多高校已经纷纷组织数学建模竞赛活动，高校学生数学建模成果逐渐受到了社会关注，但数学建模从"走进数学课堂"到"融入数学课堂"之间还存有较大差距。究其原因，不仅与数学建模本身不够完善有关，同时也离不开教师综合能力、学生专业实践能力以及高校重视程度等多重因素。因此，对这些因素深入分析已经成为当前高等数学教学面临的紧迫任务。

（一）教学方式较为单一

当前，在部分高等数学建模教学中，还存在教学方式较为单一等问题。部分数学教师仍然采用传统教学方式，以自身课堂教学为主，导致在数学建模教学中学生处于被动学习状态。信息化时代，要求教师借助互联网等先进设备开展数学教学，然而实际中部分教师也只是利用互联网复制教材内容，难以充分发挥互联网的教学作用。此外，部分教师由于深受应试教育影响，使得高等数学教学存在固守教学大纲问题，忽略数学的实际作用，严重阻碍了数学教学的正常进程。

（二）师资建设不够完善

当前，在大学学科体系中，选择数学专业的学生文理科都有，但将来能从事数学理论研究的学生只占较小比重。究其原因，除学生自身因素外，缺乏健全的师资团队亦是影响高等数学学科发展的重要因素。高校部分教师由于刚毕业，缺乏实际教学经验，难以满足学生数学学习需求。同时，高校教师中缺乏双师型教师团队，实践经验丰富的教师大多年龄较大，青年教师比重相对较小，师资力量配比出现较大落差。

（三）课程设置不够全面

首先，数学课程内容较为分散，数学教学内容衔接不紧密。部分高等数学课程包含高等数学和数学建模两部分内容，二者之间存有密切联系，实际中却将二者分开教授，导致高等数学教学理论过重，不利于学生综合素质的提升。同时，数学建模课程主要研究建模理论，对于实际求解环节则较为薄弱。其次，部分高校对学生数学建模实践环节较为缺乏，理论课时与实践课时安排合理性不足，导致学生面临的实际问题难以解决。

（四）学生专业实践能力不强

学生专业实践能力不强主要体现在以下两个方面：首先，部分学生对数学建模的认识不足。据调查，70%以上的学生对数学建模这一活动表示未曾实际接触，绝大多数学生认为数学专业课程对今后发展无益，思想上对数学建模活动不甚关注。其次，学生创新能力不足。由于数学建模通常是以比赛形式展现的，但在实际教学中学生应用能力和创新能力明显不足，很多学生理论知识充分，缺乏实践操作经验，导致数学建模活动难以开展。

三、大学数学建模教学的实际策略

21世纪是知识经济时代，随着科学技术不断发展，数学学科也得到了推广，由此，社会对高等数学教学模式也提出了更为严格的要求。需要高校对数学教学情况有较为熟悉地掌握，从高校、学生以及课程设置等方面入手，积极探索大学数学建模教学的有效策略，为高等数学课程建设开辟新的发展道路。

（一）开展混合式教学模式

针对高校教学方式单一等问题，高校需在教学模式上加以创新。首先，可开展小班授课教学模式。教师将以往大班制度调整为小班授课模式，将会有更多精力关注到更多同学，有利于提升学生参与度。其次，高校还可借助互联网打造翻转课堂教学模式，每个小班都可分别组建学习小组，建立网上学习软件，比如对分易，学生对课上不懂之处可利用课下时间在网上自由交流，巩固所学知识。此外，教师也可将教学视频录制完成上传到学习软件中供学生学习。

（二）完善建模教师团队建设

首先，需加强教师培训。高校可采取"引进来，走出去"的培养模式，鼓励高校教师到外校或企业实习进修，增强实践教学经验；高校还可积极引进经验丰富的专家学者，到校为教师开展数学建模讲解活动，以学术交流会等形式提升教师教学建模理论基础。其次，高校需完善奖励监督机制，为数学建模提供保障。完善评优评先制度，设置数学建模教学奖学金，奖励先进教师，激发团队中其他教师参与数学建模活动的积极性，促进数学建模教学发挥人才培养作用。

（三）创新多层次课程设置

针对数学建模教学中课程设置不够完善的问题，高校需创新多层次课程体系。高等数学建模教学可建立三个层次。第一层次是以数学建模为核心的课程建设，主要教学内容包括数学建模概论及方法等基础理论知识。第二层次可利用学生寒暑假时间，设置数学建模系列培训项目，面向师生自由开放。第三层次可在校定期开展科研创新兴趣班，高校邀请数学建模专家学者，到校开展科研授课与项目指导，为感兴趣的学生继续提供实践平台。

（四）加强学生建模实践培养

任何一门课程的设置都希望学生学有所成。大学数学课程主要内容并非要学生建立数学模型，而是要通过建立数学模型将数学理论知识透明化，从而提升学生实践能力。因此，在选择教学实践中，教师需对学生实践应用能力加以关注，通过在课堂上增加学生发言、提问与总结等教学环节，逐渐培养学生的数学思维，不仅可丰富教学内容，还能使学生数学学习能力有较为明显的提升。此外，教师还可适当布置开放型实践作业或要求学生自己搜集有关数学建模的应用题，加强学生主观能动性。

数学建模活动是研究日常生活事物并构建数学模型的过程，也是一个循序渐进的过程。对于高校大学生而言，在大学数学教学中融入数学建模思想，有助于更新学生对数学建模活动的认识理念，实现其综合素质的提升。因此，高校需积极探索数学建模活动的多重构建模式，优化数学建模课程设置，将大学教育与素质教育有机结合，促进学生自身创新思维能力与数学知识运用能力。

第二节　高等数学教学中数学建模思想

随着教育体制的不断改革，我国教育部门对高等数学教学提出了新要求，要求高等数学教师在进行高数教学时，要合理运用数学建模思想，提高学生的数学学习效率。数学建模思想是高等数学解题过程中一种常见的解题方法，它存在于每一个数学知识点中，合理运用数学建模思想，能够培养学生的创新和实践能力，能够有效提高大学生的数学水平和思维能力，因此，大学高数教师要将建模思想巧妙地渗透在数学教学活动中。本节阐述了建模思想的概念，探讨了建模思想在大学生高等数学教学中的有效渗透策略，力求提高大学生学习高等数学的效率。

大学时期是学生进入社会前的重要学习阶段，随着我国高校规模的不断扩大，有越来越多的学生能够顺利升入大学，接受高等教育。很多人认为进入大学后就不需要学习了，这是错误的想法，大学是完善自己的重要过程，能够为今后走进社会打下坚实的技能基础，因此提高高等教育的教学质量，提升大学生的学习效率和学习兴趣是很有必要的。在目前大学的学习生活中，高数学习一直困扰着很多大学生，与之前所学习的数学内容相比，高等数学更加深奥、难懂，所需要运用的解题知识点也较多，导致出现很多大学生对高等数学学习提不起兴趣的现象。在现今的教育大环境下，高等数学的教育理念已经不是以数学技能为检测标准了，而是主张学生要全面发展，通过对数学知识的学习，培养学生的数学素养。

一、数学建模思想的概念阐述

数学建模思想是数学知识体系中一种极其重要的基本思想方法，贯穿于学生数学学习的始终，也时常被运用到实际问题的解决过程中。数学建模思想是指将生活中的实际问题或者客观存在的事物，通过合适的数学方法，将其简单化、具象化为数学模型的过程。通俗地讲，就是通过代数方程、微积分等数学知识，将所遇到的问题转化为直观的数学模型来展示研究对象所具有的独特规律。数学建模思想不仅可以用在数学领域，还能够应用在其他领域，如在经济学领域，由于经济变化很大，可以将经济发展的规律转化为数学模型，利用数学模型直观展示一段时间内经济的变化幅度。数学建模思想在高等教育中的渗透，可以有效解决大学生在学习过程中碰到的难题，提高大学生的数学水平，培养大学生数学建模能力。

二、高等数学教学中数学建模思想渗透的意义

数学建模可以提高学生学习数学的兴趣，当前大学教学内容多而且知识点复杂，学生课堂时间有限，尤其是一节大学数学课，学生就要掌握很多知识点，仅仅借助老师在课堂上的讲解，学生根本理解不了，导致这节课学生对数学知识理解不了，下节课接着不会做，堆积的数学难点越来越多，形成恶性循环，最终造成学生对数学的逃避心理。要从根源也就是数学的教学方法上进行相应的改造，通过在大学数学教学中渗透数学建模的思想，让学生对数学产生兴趣。学生学会了数学建模，就会发现数学与生活息息相关，可以将生活中的很多问题与数学相联系。数学建模可以提高大学生的综合能力。首先，在大学数学学习中，数学建模可以提高学生的观察力，学生看到一个现实中的实际问题，需要透过物体内在的本质将其转化为数学模型，所以要具备敏锐的观察能力。其次，大学数学建模中联系到的现实题材是很复杂的，学生不仅需要对数学相关知识概念有所理解，还需要了解相关的经济、政治等各方面的知识，这些需要学生去查阅大量的资料，促进学生对知识的学习，提升学生学习能力。高等数学教学中数学建模思想的应用渗透，可以促进学生对数学进行学习，理解数学概念理论，同时也会推动整个高等数学课堂体系的建设，提升学生学习数学的能力。

三、高等数学教学中数学建模思想渗透的有效措施

数学学习不同于其他学科，它是一门相当抽象的学科，需要学习者具有一定的逻辑能力和思考能力。所以，想要解决大学生在学习高等数学时的困难，就必须从教师入手，让教师在教学中不断地探索，合理运用数学建模思想，把枯燥的数学知识变得生动有趣，提高学生的学习效率和学生对数学学习的激情，促进高等数学教育的良性发展。在高等数学教学过程中会遇到各种各样的问题，教师要学会改变自己的教学设计和教学手段，合理运用建模思想，引导学生领会潜在的解题思想方法。数学建模思想的渗透要遵循研究对象的通俗性、与教材内容联系的紧密性以及建模手段多样性的原则，激发学生对高等数学的学习兴趣，培养学生灵活运用数学建模思想的能力。目前，我国教育部门一直在大力推进高等教育的课程改革，要求各个高校都要落实新课改理念，主张对大学生进行素质教育，促进大学生的全面发展，在传授数学专业知识的，同时也要注意大学生个人素养的培养。所以，大学数学教师在渗透数学建模思想的同时，也要注意培养学生的数学建模意识，帮助大学生建立数学建模思想的思考体系，提升大学生的数学素养。

在我国目前的高校教学中，依然沿用之前的教育模式，将老师作为课堂主体，让学

生被动接受数学知识。这类"填鸭式"的教学模式很难让学生提起学习的积极性，长此以往，会使学生产生对数学学习的厌恶情绪，因此教师要注意改变自己的教学方法，利用数学建模思想，将生活与数学有机结合，让学生产生对数学进行思考的兴趣。例如，将速度的学习与学生日常的走路结合，能够让学生感受到数学其实存在于生活中的每一个角落，只要善于发现，就能体会到数学学习的快乐。教师可以将学生作为课堂主体，开展小组合作的学习模式，建立良好的高数学习氛围，让学生都参与到高数的教学活动中。教师也可以借助现代多媒体工具，利用多媒体将建立模型的过程具象化，使学生直观感受数学的魅力。数学建模思想的运用在高等数学的学习中占有重要地位，大学生学会熟练运用数学建模思想后，能够提高对数学知识的应用能力和创新能力，利用数学建模思想来解决生活中所碰到的实际问题。

（一）确定高等数学的教学目标

想要准确巧妙地在高等数学的教学中渗透数学建模思想，教师首先要确定清晰的教学目标。教师要确立知识与应用并重的教学目标，旨在扩充学生的数学知识储备，提升学生对数学知识的应用能力，培养学生的数学综合素养。数学是一门与其他学科联系紧密的学科，逻辑紧密的数学思维体系能够提高学生对大学物理、信息技术等多种学科的学习效率，提升自身的学习能力。因此，教师在设立教学目标时，首先要注重与其他课程的紧密联系，培养学生数学建模的思维体系，让学生将数学建模思想灵活运用到其他学科的学习中。随着社会的快速发展，社会上对创新型人才的需求不断增多，数学又是一门与时俱进的学科，因此教师在教学过程中要合理利用数学建模思想，培养学生的创新能力，保证学生可以利用数学知识解决问题。高等数学的教学目标并不局限于提高学生的数学能力，同时也是对学生思维能力的开发。数学学习能够促进大脑的运转，科学地开发大脑的运算能力。

（二）改进高等数学的教学内容

考核和评价是检验学生学习效果的重要途径，也是促进学生努力学习的有效手段。在传统的高等数学教学过程中，通常以期末考试作为数学技能考核方式，检验学生一学期的学习水平，虽然是闭卷考试，可以检测学生对数学知识的学习效果，但是所考查的东西都过于理论化、空洞化，没有考虑到数学知识的应用问题。教学评价的依据也是期末考试的数学成绩，评价依据过于单薄，而且考试中时常会出现超常或者失常发挥，影响学生最终的考试成绩，因此这种单一的教学评价不能体现出学生的数学素养和实际的数学水平。为了落实教育部门对高等数学课程改革的要求，我国高校应该优化考核和评价的方式。

（三）引入多样的考核和评价方式

传统的高等数学教学存在很多问题，如教学内容陈旧，不能跟上时代的进步，注重理论教学，轻视数学应用。基于传统内容下学习的大学生，长期接受呆板的教育，会变成只会理论知识的"书呆子"，不能满足当今社会对综合性人才的需求。高等数学教师要改革课程的教学内容，在教学的过程中逐渐渗透数学建模思想。在高等数学学习的过程中，学生接受最多的知识就是数学概念。从本质上来讲，数学概念也是一种数学模型，是揭示事物本质规律、表示事物数量关系或者是根据物体的空间形式所总结出来的模型。所以大学教师在进行高等数学授课时，要注重学生对数学概念的理解，利用数学建模思想来解释数学概念，让学生通过对数学概念的学习，体会模型与数学概念之间的微妙联系，能够通过数学概念，利用数学建模思想，还原事物本身。例如，在大学数学中学习的概率统计，概率统计是很抽象的数学概念，在利用数学建模进行概率统计的相关学习中，老师可以提出一个与学生生活相关的案例，如抽签检查学生的到课率。老师经常会采取抽签的方式来检查学生是否到达课堂，因为课堂的时间是有限的，如果老师花费大量的时间对学生是否上课的问题进行检验，就非常浪费课堂时间，所以通过抽签来对部分学生点名，这就是条件概率，这能吸引学生兴趣，因为它是建立在学生的大学生活日常中，让学生参与建模的过程，更好地理解数学的应用。大学教师还要注重其他教学内容的改革，如解决数学问题所需要运用的数学方法，充分运用数学建模思想对数学方法进行分析，提高学生对数学方法的探索兴趣，进而提高学生解决数学问题的效率，提升学生在数学上的应用能力和创新能力。老师可以将相关的数学建模思想理论运用到大学数学的概念和定理教学中，在大学数学教学中将具体的数学内容抽象化。在大学数学学习中，很多数学概念，如微积分等都是数学建模的过程，在实际教学过程中，老师在讲解相关的概念和定理的时候可以进一步探寻这些相关数学概念后面的故事，增加学生学习数学的兴趣，学生会受到老师的影响，将建模思想运用到数学学习中。同时，老师可以针对相关的数学应用习题，让学生在做题时训练建模思想，如在微积分的学习中，可以根据国家的现状，比如当前二孩政策让国家人口增长，可以让学生进行建模设计问题，这样就可以将现实生活中的问题，通过建模利用现实中的实际情况表现出来，不仅增加了学生对大学数学学习的相关兴趣，而且还可以让学生不断提升应用数学建模思想。

首先要增加数学知识和技能的考核方式，在期末试卷理论知识考查的基础上，增加与生活实际和时事热点相关的题目，考查学生在解决数学问题时对数学建模的运用能力。其次，利用实践考试考核学生对数学建模的理解，可以让学生在暑假或者寒假进行社会实践，在实践中利用数学建模思想解决工作问题，以文字报告的形式进行总结，并在开学时交给教师进行审核。最后，改善教学评价，增加学生自评和互评的方式，有效把握学生在日常生活中的数学学习效果，对学生的知识运用能力进行综合评价。

综上所述，数学建模存在于我们生活中的每个角落，如对产品生产的计划、投资方案的制订、设计制图中需要的参数等，这些都需要运用数学建模，因此，掌握数学建模思想，可以帮助大学生更好地适应今后的工作。在高等数学的教学过程中有效渗透数学建模思想，能够发散学生的思维，扩大学生的思考维度和思考空间，让学生体会到数学学习的价值和重要意义。利用数学建模思想学习高等数学，不仅仅是数学知识储备上的扩充，同时也能够帮助大学生在实际生活中解决很多问题。因此，如何将数学建模思想巧妙精准地渗透到大学高等数学教学活动中，是各高等数学教师甚至整个教育体制都应该重视的。

第三节　高校建模和数学实验教育反思

本节进行了基于建模的数学实验教育设计的初步探究，分析了现有教育领域的建模情况，探究了形成这一现象的原因，最后针对构建基于教育领域建模在数学实验教育设计中的应用提出了合理化建议。

现在数学教学方式创新已经进入了我们的视野，它的完成质量将会直接影响我们的教学效果。新时代下，构建和谐校园是高校目前应该亟待开展的主要工作。特别是从数学实验教育设计为出发点，进行建模环境下的高等数学实验教育设计建设工作。学校领导者需要在提高教学质量的同时，分析新时代改革背景下数学实验教育设计活动开展的现实条件以及核心要求，为学生营造一种更加自由、民主的数学实验教育设计氛围，提高学生的实践动手能力，培养学生良好的数学素养。学生自主管理时代，信息传播的速度已经远远超乎我们的想象。大学生作为未来社会的中坚力量，需要高校悉心培养，从而促进学生的长期发展。大学教育作为学校教育的一站，在人生教育中起着承前启后的作用，搞好大学数学实验教育设计教育能让离校后的大学生终身受益，为社会的可持续发展奠定基础。目前建模环境下高等数学实验教育设计的发展途径研究机制亟待完善，高校各项工作都有必要与现有网络技术相结合，从而实现更稳健的发展。基于建模的数学实验教育设计改革新方法随着教师和学生的需求而不断调整和完善，从而更好地为学校教师和学生服务，更进一步地完成课程改革的目标。

一、研究现状

不同高等数学实验教师在具体课程安排整合上的教学实践活动并没有得到很好的展开。建模要求教师整体把握教学内容，要聚焦教学重点，进行教学思路的创作。只有真正地以学生为主体，才能够真正地推动高等数学建模教学工作和反思活动的开展。在这一过程中建模思路和方法的教学可以起到十分关键的作用，特别是通过学生活动的开展，让学生的数学思维能力得到一定程度的提高。学校要强调学习的重要性，多对学习优秀、自我管理能力突出的学生进行适当的表扬，从而提高学生的文化认识。同时，一个良好的学习氛围，是有利于学生数学实验教育设计教育工作开展的。作为一种现代化的信息交流途径，建模在教育教学实践应用的过程中备受好评。建模能够保证学生思考的即时性和交互性，每一个人都可以在进行交流的过程之中与他人进行主动的联系和互动。建模所涉及的内容非常齐全，能够更好地体现信息资源的共享性和海量性，充分地发挥信息资源的作用及优势，更好地满足学生的信息需求，实现信息资源的全球共享。教师应该多鼓励学生学习数学建模思想方法、知识，通过制定一定的措施激励他们学习进步，提高解决数学问题的能力。要做好数学实验教育设计工作的管理，在数学实验教育设计工作过程中要让学生对数学实验教育设计有充分的认识。只有让学生从思想和行动两方面对学习有充分的认识，才能够真正地推动数学实验教育设计建设工作的发展。

随着高等教育的逐渐普及，社会对高校教育更加重视，这就要求数学教学方案应该及时创新改进，建立以学生为核心的人才培养模式，尤其是在数学实验探究式教学方面。随着学生个性特点越来越突出，课程改革制度就显得越来越重要。利用建模具体应用模型进行课下作业的指导，我们在课程改革工作方案设计工作上应该多下功夫。但是现有基于大数据的数学实验探究式教学过程探究仍然缺乏大数据应用基础系统等系统的建设，数学实验教学理念和教学方案等教学内容仍然存在许多亟待解决的问题，数学实验教学评价体系也亟待进一步改进和完善。虽然部分学校已经有了相对先进的课程改革制度新方法，而且应用发展相对比较广泛，但是真正适合自己学校课程改革工作的内容仍然需要课程改革人员广泛收集课程改革经验，参与数学实验教育设计课程改革。

二、教学策略分析

要将理论和应用联系起来进行系统化的实证研究，落实到数学学科中进行多维度的案例设计研究。通过具体实证研究从数据信息（表格、图像）、实验探究、结构特征、生产生活实际应用等角度进行数学知识探究与实证，将建模理念素养充分体现在课堂小组活动中。

（一）建模理念贯穿教学方案设计始终，提高学生学习基础水平

建模理念是数学教学的一个重要实践内容，其中蕴含的数学学习内涵对学生影响可谓是深远的，就高等数学教学的创新进行研究，着重于打破数学教学常规，促使形成教师、学生、家长三位一体化的全新关系方式，让学生学会学习，感悟数学，全面提升数学素养，不断积淀数学知识。通过建模理念的培养，学生的数学学习探究能力也会得到很大的提升。

要想实现大学数学实验探究式大发展，大学数学实验探究式教学过程中，应该着重加大师资配备。大学数学实验探究式教学过程构建与实施研究对于大学数学实验探究式教学目标的尽快实现具有很大的实际意义，在一定程度上可以促进大学数学教学的进程。目前学校多重视学生综合素质的提高，而且给予一定的时间和经费支持学生建模比赛活动的开展。教师可以从数据信息（表格、图像）、实验探究、结构特征、生产生活实际应用等角度进行数学学习案例探究与实证。特别是从被动接受到积极主动的学习，可以引导学生有效学习，提升知识结构与创新能力，提高其自主学习能力。

数学本身就有一种严谨和抽象的美，比如在以数学建模模型的简单应用为例的实验教学探究中，验证数学建模模型的性质之前，我们要通过查阅相关文献资料，了解、证明并把握数学实验研究的对象、内容、原则和方法。通过合作交流、实际操作等形式，了解实验进展情况与数学知识掌握程度，以及实验研究过程中所体现出来的优点与不足。然后通过对实验内容和过程进行记录、整理和分析，探索本实验研究的意义所在，并及时矫正一些偏差或失误。最后依据我们想要获得的实验结论以及实验的研究思路，针对各阶段的分期工作，及时对研究成果进行梳理，形成一定的理性认识和开展实践活动的实践经验。这一过程，就可以让学生的自主学习能力和团结合作能力得到提高。为了体现数学建模思路的针对性和有效性，教师需要注重细节内涵的分析以及升级，了解学生的数学学习能力和学习基础，通过教学活动的有效开展，给予学生更多学习和成长的机会。

（二）利用网络技术平台进行数学教学方案的设计，加强学生基础建模软件的学习

高等数学教学建模理念应用进行推广也是十分有必要的。互联网带来的改变是巨大的，特别是体现在我们日常的数学实验教育设计工作中，其形式和内容是丰富多彩的。目前，许多学校学生组织和个人开展了关于数学建模的微信公众号和微博号来进行数学实验教育设计的宣传。这就是一种较好的数学实验教育设计建设方式，比如数学建模协

会这种学生社团组织，可以定期安排学生干事对团内活动进行通报，并且对表现较为突出的同学进行通报表扬，以此来带动更多学生积极参与到各种社团活动中。在开展校园数学建模比赛活动之前，学校教师需要综合考虑不同的影响要素，了解数学建模方法的具体内容及要求，积极地将线上活动与线下活动相联系，更好地避免时空上的限制和缺陷，保证不在现场的人也能够主动参与建模学习。

同时，互联网手机以及电视是建模软件的重要体现方式，为了开展不同形式的数学实验教育设计活动，学校管理者需要注重理论分析与实践研究的结合，抓住不同建模软件的应用方式和渠道。另外这些信息传播媒介在大学生中使用得尤为频繁，学校需要关注不同信息化平台的有效构建，分析各个平台的特点以及优势，着眼于目前教育教学以及数学实验教育设计活动开展的现实条件进行相应的筛选，保障信息的及时性、有效性，不断地扩大信息的覆盖面。需要注意的是，不同活动平台的内涵和具体操作要求有所区别，对此，学校领导必须建立数学实验教育设计活动多样化的载体框架，明确不同活动时间和空间的具体要求，构建完善的文化活动内容框架体系，从整体上提高整个数学实验教育设计活动的吸引力和质量，充分发挥各种信息传播技术的作用和优势。只有真正地发挥学校的引导作用，才能够带动学生群体有更加积极向上的精神外貌。

大学生在教学活动中的主观能动性是很大的，我们要注意学生的数学学习兴趣引导。高等数学实验探究式教学中常见的问题的解决发展离不开过去积累的优秀经验和教训，这就要求我们继续推进教学计划创新，帮助学生对数学知识进行整理。通过高等数学数学实践的应用过程研究，我们可以系统地完善数学科学相关教学内容以及教学形式，提高教学工作效率，更进一步地推动学生综合能力的提高。同时，建模的评价模式不断地积累新的学习经验，尤其是运用已有的经验去处理更深层次的问题，甚至触类旁通，将智能与哲学思想等各种知识相结合，获得更高层次的实践和创造。

第四节　数学建模活动推动高等数学教学

数学建模对数学教学来说是非常重要的，数学建模能够让学生清楚地了解所学知识的含义等等，有助于学生更快地进入学习状态，形成学习数学该有的数学思想，也可以帮助老师更好地带入学生，是一种不错的教学方法；有助于教师构建教学思想，以及引导学生怎么去学习数学。本节根据数学建模思想，具体阐述数学建模的优点以及如何合理利用数学建模来推动高等数学教学改革。

那么什么叫作数学建模呢？学生学习数学的根本目的是什么呢？数学是一门很严谨

的学科，也是塑造人的一门学科。其实就是学习数学应该在日常生活中用得到才是具有显性价值的，那么怎么引导学生将所学到的数学知识应用到日常生活中呢？这就需要用到数学建模，那么什么是数学建模呢？数学建模就是教师所举出的生活中的例子，具有代表性，能够让同学们清楚地意识到，以后在生活中遇到类似的问题时，可以这样去思考，可以运用数学的思维去解决。所以数学建模这一思想受到广大教师和学生的喜爱，学生不仅可以从中学知识，还能学会如何将知识运用到生活中。

一、数学建模教育活动对学生有哪些重要影响

（一）对学生的创新思维有很大作用

为什么高校教师都特别喜欢采用数学建模的方式来进行教学呢？其中很重要的一点就是这种教学方法能够培养学生的创新思维，高校是用来给社会培养人才的地方，而数学建模的教育方法也是适合培养人才的方法。而对一个国家来说，创新是必不可少的，是一个国家兴旺发达的必要因素，所以我国高校要为国家培养优秀的创新型人才。对于数学建模来说，它的创新性也是随处可见的，数学建模中所采取的数学模型都是基本模版的例子，并没有很复杂，所以说它所涉及的实际问题也比较简单，但是那个模型都是不固定的，没有固定的解题方法，就是对于类似的问题，也没有固定的解题思路和方法。所以学生可以通过在解题过程中不断探索，不断发展新的解题思路来开阔自己的创新意识。在思考的过程中，他们的心路历程是课本上的知识所教不会的，这是他们的宝贵财富。思考也是创新的根本，自由地探索不同的解题思路，有助于培养他们的创新意识，而从中所获得的成就感更是宝贵财富。在数学建模过程中，教师要鼓励学生大胆去尝试不同的解题思路、不同的解题方法，并进行正确的引导，给予积极的评价，慢慢地去提高学生的创新思考能力，这将是数学建模的极大意义所在。

（二）能够激发学生的学习动机和兴趣

人一般对于自己喜欢的东西感兴趣，愿意去学习，或者是对有价值的东西感兴趣，因为有利用价值，才会去学习。而怎样才能让大学生清楚地认识到学习数学的重要性呢？很多学生认为学数学没啥用，到了生活中用处不大，所以对于学习数学根本提不起兴趣，丧失了学习数学的欲望。但是如果让他们意识到数学与实习生活紧密联系，学习数学不仅可以解决实际生活中的问题，还能够提升自己的综合能力水平，那么学生肯定对数学会有一种积极的看法，即使很难也有兴趣学习。那么数学建模就起到了很好的引导作用，数学建模引用生活中的具体的例子，用其他的办法解决不了的可以用数学的思维、方法解决掉，让学生体验到数学的日常性，增强学生对于数学的正面、积极的价值

观的认识，引导学生通过数学建模去探究，开发思维，让学生意识到数学带给自己的变化，只有这样，才能够极大地激发学生学习数学的动力和兴趣。

（三）能够提高学生自主学习及综合知识运用的能力

现如今，我们社会需要的是能够一直增值的人才，一个跟不上时代步伐的人迟早会被社会所淘汰，所以说高校需要为社会培养能够自主学习的人才，能够综合运用所学到的各种知识，能够将各种知识进行穿插运用的人才。而数学建模教育活动刚好能够满足这一目标要求。数学建模的问题是具有代表性的，每一个问题的解决都需要阅读大量的资料，参考所学的各种知识去思考、去高度总结，必须深刻地了解问题背景，需要做大量的调查，所以用数学建模解决问题的过程就是培养学生自主学习和对综合知识运用的过程，这整个过程都在不断地提高学生的能力水平。也需要教师恰当地去引导，帮助学生培养自主学习和综合知识运用的能力。

二、根据数学建模教育活动，促进高等数学教学改革

（一）在教学方面，引导学生从知识学习到培养能力

为什么要有这样的转变呢？因为我们要清楚地意识到，我们所学习的东西都是要用到日常生活中的。数学除了可以考试以外，问起学生，大部分人会觉得它是枯燥的、乏味的。教师把知识传授放在首位，导致学生提不起兴趣，在平时遇到问题时也不会主动地去想到要用数学的思维或者方法去解决。通过数学建模的教育方法，引导学生应用数学知识去解决生活中的问题，让他们意识到数学的价值，再引导他们去创新思维，意识到思维还可以这样去扩散。数学建模培养学生的创新能力以及发散思维以及灵活运用数学知识的能力。通过数学建模教育活动，逐渐地将以传授知识为主过渡到对学生学习能力的培养，引导学生去发展创新思维、扩散思维。

（二）在教学方法方面，提倡全面

总体来说，我国高校的数学教育方法有些单一，基本采取的都是直接传授知识的方法：粉笔和黑板，考核方式采取的就是闭卷笔试考试。这导致学生的创造力不够、思维发展不全面，很有局限性。数学其实是一门很有深意的学科，所涉及的范围很广，难度也很大，要想学好数学，必须具备广泛的数学理论知识以及很强的抽象思维能力。数学建模也是这样的要求，所以教师在教学过程中，应该将范围扩大，不要单一地去讲授知识，适当地运用数学模型，或者是多媒体等去启发学生更广阔的思维，引导学生发展自主学习能力，以及培养学生应用数学软件的能力。凡是能够涉及的数学知识都可以穿插

着讲一讲，慢慢向学生传授，将学生和数学紧密地联系起来，让学生意识到数学是平常的东西，它深刻也易懂，向学生传播数学的魅力。考核的方式也可以多样化且全面。

数学教育不仅仅是传播知识，更是教会学生如何成为一名合格的社会人才，数学教育应该致力于提高学生的能力水平，培养出知识多元化、全面发展的社会型人才。

第五节　高等数学竞赛和数学建模竞赛

数学竞赛和数学建模竞赛是高校竞赛活动中与数学有关的竞赛项目。高校的数学竞赛是高等数学基础知识的竞赛，数学建模竞赛是综合的应用型竞赛，竞赛题目还涉及生物、工程、经济以及交通运输等各个方面，学生要将数学竞赛题目转化为模型进行分析，然后进行解答，需要学生具有发散性的思维能力和良好的数学知识功底。数学竞赛和数学建模竞赛是高校教学和高校培养数学方面人才的重要项目，可以提高高校学生探索数学的兴趣，促进高校学生的数学思维能力的发展。

当今社会提倡开展素质教育，高校越来越重视学生综合能力的培养。高等数学竞赛和数学建模竞赛是适应当今素质教育理念的数学活动，为高校学生数学学习提供了良好的平台，调动了学生对数学知识探索的积极性，推动了教学形式的革新和发展，因此数学竞赛和数学建模竞赛在素质教育中体现出巨大的优越性。

一、高等数学竞赛和数学建模竞赛开展的意义

（一）提高高校学生学习数学的兴趣

高等数学竞赛和数学建模竞赛强调学生在数学学习中可以灵活运用数学知识，学以致用，因此，开展相关数学的系列竞赛活动，可以促进学生对数学知识的探讨，在发现问题、分析问题和解决问题的过程中发现数学的奥秘，从而促进学生对于数学兴趣的培养。而且很多高校对于学生获得高等数学竞赛和数学建模竞赛奖项进行了政策奖励，比如优先推免或者奖学金奖励等，更是大大促进了学生对于数学学习和参加数学竞赛的兴趣，调动了学生学习数学的积极性。

（二）提高高校学生的数学思维能力和综合素质

高等数学竞赛和数学建模竞赛要求学生不仅仅对数学知识有一定的掌握功底，还要求学生善于观察数学问题、剖析数学考点，发现竞赛题目中的重要信息，能够发散性地思考和探索数学问题，整合信息，灵活运用数学思维寻找解决方法。通过参加数学竞赛

学生能不断提升自己的数学思维能力和综合能力。因此，高等数学竞赛和数学建模竞赛符合当今教育开放式的教学模式的要求，可以为学生数学学习能力的提高开拓更为宽广的道路。

（三）促进高等数学教学的改革

传统的数学教学任务主要是学习教学大纲，教师按照教学大纲教学，学生则按照教学大纲学习和考试。而高等数学竞赛和数学建模竞赛的开展可以为高校学习数学提供一种全新的平台，学生通过了解数学竞赛和数学建模竞赛赛题设置和要求进行能力锻炼和数学学习，然后参加竞赛，这个过程涉及学生的自主思考和创造性思维的应用，学生将所学知识进行整合，将数学题解方法灵活运用于各种数学竞赛题型中，有利于将数学理论与开放性学习方法有机结合，从而促进数学教学的开放性发展，有利于数学教学的改革。

二、对高等数学竞赛和数学建模竞赛的建议

（一）积极开展数学竞赛和数学建模竞赛相关的讲座和报告

很多高校学生刚刚迈入大学校园，对于课堂内容和安排比较熟悉，但对于很多竞赛和活动还是不够了解，因此，高校有必要积极开展一些关于数学竞赛和数学建模竞赛的科普报告以及讲座。

数学竞赛和数学建模竞赛的指导老师可以为学生普及一些关于数学竞赛和数学建模竞赛的介绍和要求，通过开展数学竞赛和数学建模竞赛报告讲座，为学生讲解关于竞赛的常用方法和思维方式，学生可以了解到数学竞赛和数学建模竞赛的组织形式和参赛方式，可以了解到数学竞赛和数学建模竞赛的具体考查板块和赛题特色，为高校学生自身要提高的能力提供方向和指导。

通过讲座，老师可以为高校学生科普参加数学竞赛和数学建模竞赛可能获得的奖项以及奖励单位和获奖荣誉，这些可能获得的奖项和荣誉是对学生能力的肯定和鼓励，也能提高学生的积极性。高校学生通过参加数学竞赛和数学建模竞赛相关的科普报告可以增加对于数学竞赛的了解，能够更为主动地把握机会，参与各项数学竞赛，促进其的数学思维的开拓和发展。在学生熟悉竞赛规则的前提下进行比赛，可以保证学生稳定参赛，而不会误打误撞或者中途退赛。

（二）高校教师注重在教学中充分发掘学生的创新潜能

学校的数学竞赛和数学建模竞赛中创新能力至关重要。在竞赛中需要学生有开阔的

视野和发散性的思维，也需要学生有独特的思维方式和解题方法，能够灵活运用大脑去发现新的解题办法。高校教师在数学课堂上主动渗透创新和开放发展的理念。在开展开放式数学教学模式的同时，老师应该注重培养学生的开放式思维发展，帮助学生拓展多元思维和创新思维。例如，在基础知识巩固之后要注重知识的多元解题方法的探究，可以给学生设计一些开放性的题目，然后用不同的方法去解决，也可以设置某一题目，让学生在不同层次的要求上解答然后进行交流。另外，可以在数学学习进入某一学习程度时，鼓励学生自己编制一些题型，根据所学的知识编题目的过程本身也是一个学习知识和转化知识的过程，在这一过程中还可以锻炼学生的语言表达能力。

（三）高等数学竞赛和数学建模竞赛设置更为多元化和层次化

高等数学竞赛和数学建模竞赛项目多为全国性的重大竞赛，其单一而难度偏大的题目使很多学生在大型竞赛前的校内进行筛选中就被淘汰掉了，最终能够参加全国性数学竞赛和数学建模竞赛的人屈指可数。为了让更多的人参与数学竞赛和数学建模竞赛，可以将其设置更加多样化，设置不同类型的数学竞赛和活动，丰富数学竞赛项目。

高校也应当在设置数学竞赛和数学建模竞赛时，多层次面向高校学生，针对不同层次的学生设置不同层次的比赛，可以增加一些校内数学竞赛和数学建模竞赛、市级数学竞赛和数学建模竞赛，以及一些数学竞赛和数学建模竞赛地区联赛，通过层次竞赛，增加学生参加竞赛的机会，充分调动学生参与数学竞赛的兴趣。

（四）高校教师课堂教学中渗透数学竞赛和数学建模竞赛的内容

高等数学教师在正常讲授课本教学内容的同时，可以穿插一些关于数学竞赛和数学建模竞赛的知识和内容，将竞赛内容引入课堂供学生思考和讨论。具体方法可以是教师在讲完课堂内容后准备与本课堂相关的一些数学竞赛或者数学建模竞赛题目，让学生先单独思考和解题，然后再分小组进行讨论和交流，探讨自己的疑惑或者解题思路，已经解出竞赛题目的同学可以向大家讲述自己的解题方法，老师则可以为学生做一些思路引导。课堂交流后教师和学生可以讨论课堂教学内容和数学竞赛或者数学建模竞赛题目设置的异同和特点，总结数学竞赛和数学建模竞赛题目所用到的思维方式和解题方法。

总之，高等数学竞赛和数学建模竞赛在高校中是非常重要的数学学习活动，高校应当充分利用数学竞赛和数学建模竞赛为学生提供良好的竞赛平台，开发学生学习和创新的潜能，在竞赛中提升学生的综合能力，促进学生的数学学习能力和创新思维，为社会培养应用型和技能型人才。

三、研究生数学建模竞赛活动开展中应注意的问题

（一）淡化功利，强化参与意识

研究生数学建模创新实践活动开展的根本目的和落脚点是人才培养，通过实施数学建模创新的课程教学、竞赛培训、参加竞赛等系列活动，提升研究生解决复杂实际问题中数学问题的能力。参与数学建模活动，可以一定程度上提升研究生数学建模能力、数据分析能力、编程计算能力、团队协作能力以及论文撰写能力。过于囿于竞赛成绩，则会导致研究生学习缺乏系统性，既限制了研究生创造力的发挥，也阻碍了研究生学习主动性的发挥，导致研究生陷于为获奖而学习的窘境；对于老师而言，获奖了就有物质、精神奖励，没获奖就不认可老师的工作和付出，这样也会在一定程度上挫伤教师参与的积极性。同时，在急功近利的环境下，也会导致研究生过多专注于参赛技巧，这对科学研究和人才培养是不利的。抓住研究生创新实践活动中的课程教学、竞赛培训和组织竞赛等重要环节，注重过程学习，强化参与意识，这不仅能有效提升研究生各方面的能力，同时他们有了扎实的数学建模基础，使得竞赛获奖也成为水到渠成之事。

（二）处理好研究生参与竞赛培训与学术研究的关系

研究生数学建模竞赛培训往往采用专题式、阶段式的学习，包括数学建模的基本方法、常规模型、常规算法以及数学软件等，学习的内容较为宽泛，往往需要投入较多的精力。竞赛培训还需在竞赛指导老师的指导下进行。而研究生培养往往是在导师指导下，在某一研究领域或研究方向上做长时间较为深入的研究，研究内容和工作时间，均在导师指导下进行。因此在参与数学建模竞赛培训和比赛时，需要将自身的学术研究与竞赛活动结合起来，处理好竞赛指导老师的指导任务与研究生导师的科研任务的关系，让数学建模培训与科学研究真正起到相互促进的作用，从而实现数学建模活动助推解决学术研究中的部分数学问题，学术研究提升数学建模活动的深度和广度。在参与数学建模课程学习的过程中，研究生可以从自身的学术研究中，提出若干问题用于课堂讨论，既可以丰富教师课堂教学内容，又可以为自身的学术研究开拓思路。当然，研究生不能因参加数学建模活动而长期离开学术研究工作岗位，也不要因为在做学术研究而完全放弃了在数学建模竞赛活动中的尝试。

（三）重视数学建模平台建设，强化数学建模应用意识

通过建设指导教师团队、数学建模协会、数学建模网上学习平台、数学建模创新实验室等构建数学建模创新实践平台，利用平台开展数学建模创新实践活动，使数学建模

活动稳定化、常态化，强化研究生参与意识和学习意识，提升研究生创新实践能力。一方面，利用数学建模团队师资条件，为研究生在学术研究中遇到的数学问题提供指导和帮助；另一方面，利用平台组织相关活动，加强不同专业方向之间研究生的交流，使其共同探讨科研中的数学问题，营造良好的学习与科研氛围，强化数学建模及数学应用意识，促进数学建模活动在研究生培养中的可持续开展。

笔者所在学校作为一所地方性高校，研究生教育发展相对较弱，近年来，学校逐步推进研究生系列创新实践活动。在研究生数学建模活动中，通过组建平台、建设团队、开设研究生数学建模课程、开展竞赛培训、组织研究生竞赛等措施，研究生创新实践能力得到一定程度提升，参加中国研究生数学建模竞赛的成绩连续多年不断进步，这就使得受益面不断扩大，研究生科研学术水平也得到不同程度的提升。

研究生教育作为人才培养的高级阶段，培养方式差异性大，推进研究生数学建模竞赛等创新活动，在研究生培养中起到了积极的促进作用。由于研究生专业门类多、研究方向差异大，因此如何推动研究生创新实践活动的参与面和受益面，适合更多学科、专业的研究生参加，仍然是个值得思考的问题。

第六节　建模思想在高等数学教学中的作用

随着科学技术的迅猛发展，我国已进入了知识经济时代，作为教育基础性学科的高等数学，也应顺应时代发展的需求，这就要求高等数学的教学者在实际教学中不断更新自己的教学理念、教学方法，不断完善自己的理论知识，将建模思想引入自身的教学实践中，以此来提高学生数学学习的实效性。

在高等数学教学中融入建模思想可以有效地激发学生的学习兴趣，提高学生的数学学习效率，鼓励学生将所学的数学理论知识应用到现实生活中去，培养学生实际解决问题的能力。本节从我国高等数学教育中现存的问题出发，提出了在我国高等数学教学中引入建模思想的教学理念，希望通过本节引发更多高等数学教育者的思考，获得抛砖引玉的效果。

一、我国高等数学教学中存在的问题及成因

科学的调查数据显示，我国当代大学生在高等数学的学习中存在以下主要问题：①对高等数学学习缺乏兴趣；②高等数学的补考率逐渐上升；③在高等数学学习中经常

感觉力不从心、无所适从；④虽然知道数学学习很重要，但又觉得学好数学没有多大的实际意义。上述问题究其原因其实只有一条：教师在平常的教学中不注重培养学生实际解决问题的能力。这样就使学生在自身学习中缺乏兴趣和主动，也让他们在心目中认为数学的学习只是为了应付考试，并没有什么实际的功效，而这样的心理和看法自然会对学生的数学学习产生消极阻碍作用，长期下去对学生的身心发展也很不利，甚至影响其人生观和价值观。因此，在高等数学教学中采用能够有效激发学生学习兴趣、培养学生用数学知识解决实际生活的能力的教学模式已成为当务之急，也是每位高校教育者义不容辞的责任。

二、将建模思想引入高等数学教学中的设想

建模是以符号、公式、语言、程序、图形等为表达工具对问题或实际课题所做的抽象而又简洁的刻画，从而提炼出能够反映问题或实际课题本质属性的模型形式，而这种简洁、抽象、提炼模型的全过程就被称为建模。这种模型也是一种模拟，往往可以对某些客观现象做出合理的解释，也能对未来的发展规律做出科学的预测，还能对某些现象的发展进行适度的控制，为其提供适合、恰当的优化配置等。

鉴于上述建模思想的诸多优势，越来越多的高等数学教育者将建模思想引入自身的实际教学中，并取得了一定的成绩。在我国，高等数学教学中引入建模思想，可以追溯到 20 世纪 80 年代，最初的引入只是简单对国外建模思想的翻译，而正是这样的翻译才使得建模思想进入高等数学教育者的视野，使其在我国日渐走向规范化、科学化和成熟化。而现在的数学建模并不是对实际问题的照搬照抄，而是在深入观察和了解实际问题的基础上，再通过对数学知识的巧妙利用，构建起合适且能反映实际问题本质属性的数学模型。

三、建模思想在我国高等数学教学中的应用方法

我国高校的专业设置门类繁多，这就使得对高等数学的要求和培养方向也不一致，但数学毕竟是基础学科，所以学好数学无论在哪个阶段都应该是必须做的事情，这就使建模思想引入高等数学教学中成为一种必然，因为它可以很好地激发学生的学习兴趣，有效提高学生数学学习效率。

（一）理论联系实际，将建模思想融入数学概念教学

作为支撑实践的基础，许多伟大数学思想和数学概念的形成都是因为实际生活有需要，这就是我们经常所说的"有需求，才会有市场"。因此，在实际的高等数学教学中，

教师应结合实际问题，从数学概念产生的背景和成因入手，让学生在浓郁的数学氛围下，通过"听故事"的方式，在潜移默化中接受原本抽象、难懂的数学原理，从而达到学习的目的——实现，促使学生能够独立地利用数学知识和数学概念解决实际问题。而大量的教学实践证明，在高等数学教学中引入建模思想，可以有效地培养学生解决实际问题的能力。

（二）结合学生实际，构建适合学生自身情况的数学模型

我国古代使用数学建模思想解决实际问题的典型案例是魏晋时代刘徽"割圆术"理论，即后来的"化整为零取近似，聚整为零求极限"的思想，实践证明这个思想是对我们的实际有所帮助的、是科学的。因此，我们也应积极地效仿古人，针对不同专业的学生在高等数学方面的不同要求，在实际教学过程中构建或选取适合学生自身特点和学习特点的数学建模内容，从而构建合适、恰当的数学模型，使建模思想可以很好地融入学生的数学学习中去。

例如，在解答数学应用性例题时，教师可利用数学建模的思想和方法，在教学过程中应注重数学模型的建立，尽可能地精简计算过程和推导过程，使学生摆脱以往"题海战术"所带来的困扰，在形象、立体的数学模型框架下加深学生学习印象，实现教学目标；再如，进行极限、导数、积分的多数计算求解时，可以采用相关的计算软件实施运算，这样就可以在简化学生运算与推导过程的同时，提高学生的动手能力和实际操作能力。

（三）解放思想，大力开设数学建模课程

要想建模思想能够被更加广泛地应用到高等数学教学中，我们就得解放思想、大胆创新，除了大力宣传建模思想对数学教学的时效性外，开设相关的数学建模课程无疑也是一个不错的选择。这样的数学建模课程可以是建模选修课，也可以是数学建模实验课。无论是哪种形式的数学建模课都能给学生的数学学习带来很好的帮助和促进作用。例如，数学建模选修课可以提高学生对数学建模的认识，使其更好地掌握数学建模的思想，有助于培养学生发现问题、分析问题和解决问题的能力。同时，还可以提前对数学建模竞赛给予人才支持，事先打好坚实的基础，争取在竞赛中取得好成绩；数学建模实验课能够让学生在高等数学严密的逻辑思维下，积极主动地参与到实验中去，充分发挥其主观能动性，从而变被动式学习为主动式学习，提高学生的自主学习能力和思考、探索能力，让学生通过这样的建模实验课对高等数学的学习产生浓厚的学习兴趣和强烈的学习欲望，从而使学生的自学能力和创新能力都能得到提高。

（四）更新传统的教学方法，提升学生现代教学工具或计算软件的实际操作与运用能力

传统数学教学，教学方法单一、教学模式封闭，这样的教学方法和模式是被动式的"灌输式"教学，往往只注重对理论知识的培养，忽视对学生实际操作能力的培养，学生兴趣很难被激发，学生热情欠缺。所以教师在实际教学中应更新传统的教学方法，大胆采用启发式、探究式、实践式教学模式，从而实现学生的主动学习，充分发挥学生在学习中的主体地位，让学生在数学建模多元化的问题创设、广泛的知识领域和灵活、新颖的教学模式中，获得数学新知，促进自身的发展、成长和进步。另外，在掌握了数学建模思想的同时，教师还应多培养学生现代教学工具和运算软件的操作与运用能力，以此来适应知识经济的需求，提高学生的实际问题解决能力。

综上所述，当前社会对人才的需求趋向于综合素质高、综合能力强、具有实践精神和创新意识的复合型人才，而教育作为创新之本，就必须在现阶段发挥其主导和引领作用，积极构建建模式教学，从而有效激发学生的学习兴趣、提高学生的数学素养，帮助学生养成自主学习和创新学习的意识，使我国的高等数学教育进入一个全新的阶段。

第四章　高等数学课堂教学研究

第一节　高等数学课堂教学问题的设计

高等数学的学习在高校所有课程中占据主要地位，而高数也已经成为高校所有专业的必修课。高等数学的学习是对学生中学数学的延伸，也能够为学生今后的学习打下基础。高等数学的学习不同于其他课程，是需要学生动脑筋进行思考的，高数是在中学数学的基础上增加了几倍难度的一门课程，对于大部分已经抛开高中数学课本的学生来说，高数简直就是最难的一门课程。但是如果教师在课堂中运用多元化的问题设计方式，就能够引导学生从正面或者是运用逆向思维解决问题。

高数这门课程能够有效地培养学生的数学素养，所以在当前高数教学的过程中，需要更加关注学生主体地位，运用现代化的教学手段和创新性的教学内容，让学生在高数学习的过程中理解数学精神，培养数学思维。

铺垫式问题的设计：无论是在哪一阶段的教学中，先给问题做铺垫最后提出来的这种方法都非常常用，即在新知讲授之前，先利用学生以前学过的旧知识进行联系性提问。这种方法同样也能够调动学生的元认知，让学生在已有的知识经验中构建新知。比如在学习积分的换元积分法时，就可以向学生提问不定积分的换元积分法公式，给学生抛出一个疑问，引导学生进行自主思考，最后就可以得到定积分的换元积分法公式。通过这样铺垫式问题的提问，可以让学生更加清晰地根据树形结合的思想，提高自己的数学逻辑思维，同时也有利于学生的思维发散，让学生做到通过一个细小的数学问题就能够联想到其他方面。

迁移性问题设计：数学知识从来都不是毫无联系的，每一个小数学知识之间都有着千丝万缕的联系，在形式和内容上也会有相似之处。对于这种情况，教师就可以在学生原有的支持结构的基础上，通过针对性问题的设计，能够让学生将已经掌握的知识运用到新知识的结构正确。比如在讲"点的轨迹方程"概念时，就可以先向学生提问平面曲线方程的概念，之后就可以从二维空间向量向三维空间向量推广，在此过程中就可以接着讲解曲面和曲线工程的定义。这样的知识迁移性内容会使学生更容易接受，他们学习起来也会更加简单。

矛盾问题的设计：这种问题设计方式是学生从一个知识理论相悖的问题中，产生疑问和矛盾，让学生将问题提出来。之后，再鼓励学生进行积极探索，使学生产生强烈的探索欲望和动机，也能够深化学生的理性思维。

趣味性问题的设计：现代的数学课堂要摒弃传统的枯燥单一的教学模式，不能仅仅教授学生理论知识，让学生在冰冷的数字和难懂的理论中度过一节高数课。要加强问题的趣味性来提高学生的学习兴趣。

辐射性问题的设计：对于这种辐射性问题，主要提问方式就是以某一知识点为中心，向四周进行问题发散形成一个辐射性的知识网络，引导学生从多角度和多层面进行思考，纵横联想自己所学到的知识来解决问题。但是运用这种问题设计需要注意的是，这种问题的难度较大，在提问时必须考虑到学生的实际情况和接受能力。由此，可以结合使用启发式的教学方法，对学生进行引导和提示。

反向式问题的设计：在数学中最重要的一种数学思维，就是逆向思维。而通过这种思维方式衍生出来的问题设计，就被称为反向式问题的设计，即通过逆向思维把原命题作为逆命题进行转化。比如在这个问题中，就可以运用到反向式问题的设计："一圆柱面可被视为已平行于 z 轴的直线沿着 xoy 平面上的圆 C：$x^2+y^2=a^2$ 平动而成的图形，试求该圆柱面的方程。"对这道题进行分析，就是要在圆柱的面上取一个点 P，但是无论这个 P 在什么位置，或者说它的位置是随意变动的，但是它的坐标都满足方程 $x^2+y^2=a^2$。同样，相反的，满足方程的点同样也都会在圆柱的面上。这样的问题设计能够让学生从正、反两个方向思考问题，同时也可以在一定程度上降低曲线方程的难度。

阶梯式问题的设计：这样的问题设计方式主要是指教师要运用学生的已知知识，进行阶梯式的知识的构建，引导学生的数学认知心理纵向发展。这种问题提问方式是由难度逐渐增加的问题构成的一个组合性问题。通过这样从特殊到一般提出问题，一步一步引导学生思考问题，最终解决问题。

变题式问题的设计：将原有的问题进行改造，可以变化其中的固定数字或者是直接改变问题，让这种变式的思维渗透到题目中去，可以打破学生固有的思维模式，从而转变思考的方向，培养学生的创新性思维能力。

总之，在高等数学课堂中可以运用多种多样的问题设计方式，教师不能再用以前的教学方式问学生"对不对"或者是"是不是"，而是应该多层次、多方位、多角度地提出问题，激发学生的求知欲、竞争欲，进而提高分析、综合、逻辑推理的思维能力。

第二节　高等数学互动式课堂教学实践

事实上，课堂教学本身就是师生以及生生间进行交流互动的一个重要平台，是进行沟通交流以及双边互动的实践活动，并且具有互动开放以及双向的特征。在开展课堂教学期间，师生与生生间的互动双向教学的高效开展，可以对师生具有的内在特性加以展示以及培养，同时对教学活动整体加以推动。对于数学学科而言，问题就是其外在代言，同时也是数学教师开展教学的重要理念，更是教学对策的一个重要载体。通过问题教学，能够形成师生互动及生生互动，促进教学质量的整体提升。

一、互动式课堂教学具有的特征

交互性。实际上，互动就是一种交互的作用以及影响。在互动当中，双方能够对对方行为做出相应反应。对于师生互动而言，其并非线性、单向的影响，而是师生进行交互以及双向的影响。一般来说，情境可以对师生互动造成一定制约，数学教师可以对学生展开评价，对其认知以及情绪进行影响，而学生则可以通过心理体验和心理状态对教师产生反作用，进而实现相互感染，共同推动数学课堂发展。而且，师生交互影响以及作用不是间断性或者一次性的，而是循环的并且呈现出链状的连续过程。

开放性。一般来说，课堂教学都是通过师生沟通以及交往展开的。在一些特定场所，学生有可能会产生一些特定想法，而这些想法并不在教师制订的计划中。在实施预设目标期间，教师需开放地纳入一些经验。在互动式的课堂中，教师要敢于即兴创造，对预定目标进行超越。之所以说互动教学具有开放性，是因为师生互动以及生生互动期间，大家思维都处于活跃状态，谁也无法预料问题以及结果，其中充满未知。

动态生成性。教学期间，师生互动能够促进学生发展以及成长。师生互动有着动态生成的特点。课堂上，互动内容以及互动形式都是根据学生特点、参与形式以及参与数量为转移的。而课上学生是否喜欢和教师进行互动，如何展开互动，很多时候教师是无法预计的。师生进行互动，是师生双方进行相互界定以及相互交流的一个过程。在课上互动期间，需按照所学内容以及主体对互动内容以及互动方式进行变换，这样才能达到互动的最佳形式，实现知识的动态生成。

反思性。学生的学习其实就是主动构建的过程。学生并非被动地接受外在信息，而是按照自身已有知识结构，对外在信息主动进行选择以及加工。这就需要学生在学习期间随时对自己的学习过程加以反思，及时找出自己的不足，并且加以弥补。同时，在教学期间，教师要充分结合学生在互动期间的情况及时进行反思，及时调整自身行为，进而为学生创设出更好的学习情境，实现和学生的高效互动。

二、高等数学互动课堂的教学实践形式分析

对于数学教学来说，教师普遍采用的是一种问题教学的形式，在课堂导入时通过问题设置来引起学生的探究欲望以及兴趣，进而提升学生在课上的学习效率。因此，在实施高等数学互动式课堂教学期间，教师除了课上教学与学生展开互动之外，在教学评价以及教学反思方面也要与学生展开互动，这样能够全面并且多维度地开展互动式的课堂教学。在数学课上展开师生互动以及生生互动，并通过互动对教材内容加以探索，进而完成教学预定任务。

对教学环节进行巧妙设计，奠定互动基础。教师在开展互动式课堂教学时，可以从对问题条件具有的内涵进行感知开始。对问题具有的条件内容进行感知，乃是解答问题这一活动的起始环节，也是问题教学获取成效的一个关键环节。在基础性的数学教学期间，教师通过对问题条件进行感知这一活动，凸显双边互动这一特性。在传统数学教学活动中，常把"教"和"学"进行孤立，教师直接进行知识灌输开展教学，这样就常把学生置于非常被动的位置。所以，新时期教师必须摒弃以往的教学方法，结合教材中的内容开展教学，引导学生分析问题当中包含的关键信息，掌握其中的知识点以及数量关系，进而为解题思路的探寻奠定基础。

数学教师在教学微积分这一内容时，可以先介绍相关科学家以及微积分的发展历史。例如，提到积分，可以介绍我国历史上有名的数学家祖暅，他通过出入相补这一原理，推导出球体公式，这就是一种积分思想；提到微分，教师可以从物理学中的匀速运动导入，通过介绍微分发展简史来引起学生的兴趣。利用数学史和学生展开教学互动，打造数学课堂的活跃气氛，为学生对这部分内容的深入学习奠定基础。

开展多维教学互动，对互动品质加以提升教学期间，师生可以进行全方位、多角度以及多维的互动。

1. 教师可以把课堂的主动权交还给学生，让学生在课上变成主人，主动参与课上的互动。

2. 教师可以充分利用现有教学资源，如多媒体借助视频及图片等与学生展开互动。

3. 教师可以借助微课开展教学。事先将预习任务布置下去，将微视频的网址告知学生，让学生在课下对基础知识进行学习，之后在课上对重点进行讨论。尤其是对高等数

学的教学，需要教师充分利用微课这种教学形式，让学生对新知识进行有效预习。

4. 教师要将课上的互动朝着学生的其他学习时间拓展，这样可以提升学生的互动品质，让其参与意识、主动意识以及数学意识得以提升。

如在针对"空间解析几何"这一内容进行讲解时，对于特殊的曲面，如锥面、柱面等，学生单纯进行图形想象，很难掌握相关知识。在课上互动期间，教师应采用多维互动这一模式，利用多媒体，将动态图形具体变换进行展示，让学生直观感受这些内容，对曲面图形进行领悟。借助多维互动这种模式，学生可对知识产生直观认识，对数学知识形成一种牢固印象，进而对互动品质加以提升。

及时开展教学评价，对互动智慧进行强化。师生在互动过程中，教师可以对互动节奏进行控制，并且在互动期间需及时对互动活动进行评价，进而让学生及时恰当地对互动期间具有的优点及缺点进行感悟，使优点得以发扬，对缺点进行改正。同时，教师及时对师生互动展开评价，这样能对教学质量加以提升。此外，大学生也可以对教学以及自身学习进行评价，这样能够在教学评价方面实现师生互动，促进师生交流，让师生双方相互更加了解，并在实践中对经验智慧加以汲取，让互动变得更有效果。

如在教学复变函数之后，数学教师可以专门开设一节复习课，用 PPT 的形式和学生一同对所学内容进行回忆，其中包含学习期间学生同教师进行争论的问题，重点内容、易错点以及难点内容，除了可以唤起学生对知识的记忆之外，还能帮助学生对这部分内容进行深化学习。

在数学课上，如果教师仅是单纯地把知识装到学生的头脑之中，而不与学生在心灵上接触，不在课上与学生进行互动，那么很难在实践教学期间对互动智慧进行汲取。由此可见，教师只有及时开展教学评价，并且对互动智慧进行强化，才能提升教学质量。

对教学反思进行巩固，对互动生命进行观照。其实，在师生进行互动期间，只有师生不断对教学以及学习进行反思，才可以巩固优点，及时找出漏洞，并且加以弥补。在课上互动这一环节，学生和教师都有着鲜活的思想，都不是互动教学中的机械零件。因此，数学教师要在日常反思中对互动期间的学生思想进行关照，进而让整个互动过程一直处在一种动态健全当中，让整条互动链条一直保持这种灵动性。如果教学缺少反思，那么这样的课堂教学必然是失败的。

学生对数学知识进行接受的过程，是不断强化以及循序渐进的一个过程；如果不能在数学课上有效并且及时地反思，对自身学习有一个客观评价，那么这样的学习注定是生硬的，更是机械的，而且日后对于这些知识点也很难灵活运用。

如在完成常微分中的方程解法的学习之后，数学教师可以对学生阶段性的学习成果进行验收，根据检测结果对学生具体学习情况加以掌握。如果学生在测验中的平均成绩较好，说明他们对数列知识掌握情况较好；如果测验的平均成绩较差，则说明学生的课上学习效果不佳，此时教师必须及时与学生展开沟通，及时了解其思想以及心理，这样才能制订接下来的教学计划。通过这种方式，能够让教师以及学生共同进行反思，找出教学以及学习中的薄弱点，进而促进师生对薄弱点及时进行强化。这样一来，数学教师才能对教学效果加以保证，而学生也才能不断提高学习效率。

综上可知，互动式的课堂教学具有互动性、开放性、动态生成性以及反思性等特征，特别是针对数学这一学科来说，开展互动教学非常必要。教师可通过对教学环节进行巧妙设计，奠定互动基础，开展多维教学互动，对互动品质加以提升，及时开展教学评价，强化互动智慧，同时巩固教学反思，关照互动学生，这样才能够打造课堂良好氛围，促进学生对数学内容的理解，进而有效提升数学教学总体质量。

第三节　高等数学课堂教学质量的提高

教育必须有效促进学员素质全面发展，提高课堂教学质量是实现教育效果的直接手段。高等数学因其内容的抽象，尤其应注意课堂教学质量。为了达到新时期的数学教学目标，本节从学生的学习态度、教师的教学方法、课堂教学手段等方面谈如何提高数学教学质量。

高等数学是一门理论性很强，比较抽象又枯燥的学科，很难引起学生主动学习的兴趣。如何对教学内容进行灵活处理使之为学生容易接受，便成为教师应深入研究的问题。本节从四个方面就如何有效地利用教学手段和方法，谈谈笔者的看法。

一、明确学好数学的重要性，进一步端正学生学习态度

数学有很强的应用性，是解决现实问题最常用的工具。数学教育不仅要传授基础知识，更重要的是培养学生的数学意识和逻辑思维，增强学生应用数学知识分析问题、解决问题的能力。教师要在开课之初就向学生阐明高等数学的重要性，使学生认识到学习数学的必要性，以及学好数学的现实好处。教师还要在平时的课堂教学中多向学生介绍高等数学在各领域中的应用，使学生切实感受到数学的实用性，增强学生的学习动力。

二、加强多媒体教学和板书式教学相结合的教学手段

随着数字化、网络化技术的飞速发展，传统的教学模式受到了严重的冲击和挑战，使得多媒体教学的引入成为必然。由于多媒体技术采用文字、声音、色彩、动画、图形等方式传递信息，它可以将枯燥的课堂内容变得直观、生动、形象。比如在极限、定积分等概念的教学中，我们用动画的形式将逐渐逼近的过程生动地呈现出来，使得学生的理解更加直观而深刻。因此，多媒体教学不仅可以丰富学生的感性认识，启发学生的积极思维，还可以激发学生的兴趣，从而提高学生学习的积极性。然而，虽然与传统的板书式教学相比，多媒体教学可以图文并茂、声相结合，使学生的理解更直观，更有助于记忆，但是任何事物都有两面性，多媒体教学也存在着自身的缺点和不足。比如多媒体教学会使得课堂教学的节奏不自觉地加快，使学生由主动地学习变成被动地接受，并且在多媒体教学过程中，更容易忽视师生之间的情感交流，也更容易忽视学生的主体地位。因此，只有多媒体教学和传统的板书式教学相结合，才能达到提高高等数学教学效果的目的。

三、灵活采用多样化的教学方法

传统的教学模式一般是以教师讲授、学生练习为主，这样的教学方法对学生掌握相应的数学知识和技能会起到一定的作用，但是由于机械性的、重复性的工作比较多，长此以往对学生的自主学习和探究问题能力的发展就会有不利影响，因此，在实际的教学过程中就有必要穿插一些实用性的、灵活性的、探索性的数学教学方法。

比如，在教学中可配合运用启发式教学法。在课堂上教师根据教学任务和学习的客观规律，以启发学生的思维为核心，调动学生积极主动的学习意识，培养学生独立思考问题的能力。对于高等数学中比较抽象的概念、定理，教师可以用绘图、对比等直观性教学法，让学生主动思考、独立分析。或者，同一个问题也可以从其他角度或利用其他方式进行提问，让学生独立分析和思考，更利于学生对新知识的理解和接受。又或者，还可以在教学中故意给出错误的观点或结论，树立对立面，让学生对比思考，这样就可以激发学生的学习数学的兴趣，具有事半功倍的教学效果。

当然，在教学中也可穿插使用问题式教学法。教师可通过对教学内容的总体认识和把握，巧妙地设置问题，使学生能够在疑问的引导下，主动地探求和思考问题。然后，在学生对所设问题有一定理解的基础上，组织学生进行分组讨论，让学生发表自己的理解和看法，以达到互相启发、共同提高的目的。最后，教师对所设问题总结收尾，充分

解疑，并且对难以理解的知识点进行重点讲解，使学生所学知识能够系统掌握。因此，问题式教学法不仅改变了教师以讲为主的格局，调动了学生学习的积极性和主动性，并且在教学的过程中使学生的自学能力和探索精神也得到了锻炼和提升，达到了比较好的教学效果。

四、精选课堂练习，提高课堂效率

长期的教学经验告诉我们，盲目而过多的练习是不科学的，它不仅不能达到预期的教学效果，反而会使学生感到厌倦，导致学生的思维变得呆滞，使他们在学习上滋生抵触情绪。因此，教师在教学中要以教学目的和教学要求为基准，精心挑选易理解且具代表性的例题，避免反复讲解同一类型例题浪费宝贵的课堂时间，从而提高课堂效率。另外，教师还要根据学生的实际情况，为学生挑选一定量的具有代表性的习题，这样不仅避免了题海战术，为学生节约了一定的时间，而且能够达到巩固所学知识的目的，甚至能够使学生在高效的学习中培养学习数学的兴趣。

总之，提高高等数学的教学质量是教师的长期任务，教师的教学方法不能"以不变应万变"，要不断探索适应变化的教学模式，总结经验和教训，真正提高高等数学的教学质量。

第四节　高等数学课堂的几种教学模式

高等数学是高等教育中理工科专业学生必修的一门公共基础课，是学生学习各门专业课的基础。但是，高等数学内容的抽象性和枯燥性让很多学生望而却步，缺乏学习好高等数学的信心，如果老师的授课方式再是单一的，那么这门课程的教学效果会很差。因此，高等数学课堂教学模式的改革显得很有必要。本节针对几种教学模式进行探讨，分析出各个教学模式的特点，为打造丰富多彩的高等数学教学模式抛砖引玉。

高等数学对于高校理工科学生的重要性显而易见，但是在通畅的网络和新媒体的影响下，单调的理论知识对学生的吸引力不堪一击，因此，传统的讲授式课堂，会使学生出现厌学情绪。从而，为了激发学生的学习兴趣，探究多样化的高等数学教学模式势在必行。下面分析几种效果较好的教学模式的特点，为灵活选用教法奠定基础。

一、分组教学模式

对于班级规模大的班级，适宜用分组教学模式。首先对班级学生做一个简单的测验，掌握每位学生的学习基础，然后按照"强弱搭配"的原则，把学生分成 6~8 个小组，在教学中，让学生分组讨论并回答老师所提问题，然后选取学生进行解答，如果该生不能回答出来，则要求小组成员一起讨论然后解答。教师根据每个小组的表现进行加分鼓励。小组的各项任务，由组长负责管理。小组中一人表现好，集体加分；一人表现不好，集体扣分，从而使得整个小组内部学生互相监督。采用分组教学法，由于每位同学的集体荣誉感，更能调动他们为小组争光的心理，积极与小组成员配合，完成老师分配的任务，既方便了老师对学生进行管理，又提高了学生参与课堂的主动性。

二、分层次教学模式

分层次教学是针对学生的学习基础，对学生进行分层次，然后采用有差异的教学内容和教学方式。分层不是局限于一个班级，可以按照一个专业、一个系的所有学生进行，在开课前对学生进行数学基础测验，把学生分成三个层次：冲锋层、基础层、薄弱层。冲锋层的学生数学基本功扎实，教学中引导他们解决复杂问题，注重知识的灵活运用。基础层的学生能够理解基础知识，教学中注重基础知识的应用。薄弱层的同学学习能力差，理解基础知识困难，教学中对他们细致讲解基础知识，帮助他们掌握数学基本内容。比如在导数概念教学中，高层次的同学可以加强导数概念的理解和利用导数解决实际问题，中间层次的同学可根据导数公式，解决导数在几何中的应用问题，基础差的学生可以记住一些求导公式，对简单函数进行求导。学生分层、教学内容分层、测验分层，让每一位学生掌握自己能力范围内的知识，尊重学生的个人意愿，有效提升教学效果。分层教学模式实施起来的难点是需要协调各方关系对学生分层，操作起来困难大。

三、翻转课堂教学模式

翻转课堂式教学模式，是指学生在课前自主完成知识的学习，而课堂变成了老师学生之间、学生与学生之间互动的场所，包括答疑解惑、知识的运用等，从而达到更好的教育效果，主要是利用视频进行教学。教师可以选择较好的网络资源或自己课前录制一个教学视频，先让学生在课余学习。比如在讲定积分的概念时，可以准备一个视频，介绍定积分的产生背景，从而了解定积分的概念和性质。在课堂上，通过师生交流、答疑解惑和运用知识，让学生对教学内容有更加深入的认识，从而调动学生更高的学习兴趣。另外，可以选取典型例题录制成微课，让学生在课下完成解答。上课时老师考查学生学习情况，然后对存在问题进行讲解，剩余时间可以进行小组比赛。实行翻转课堂教学，教师是学习的引导者、学生是学习的主动者，为培养学生勤于思考的好习惯创造条件。

四、对分课堂的教学模式

对分课堂是 2014 年复旦大学的张学新教授结合讲授式和讨论式教学模式，提出的一种新的教学模式，即把一半课堂时间分配给教师讲授，一半分配给学生讨论，师生进行"对分"课堂，更为重要的特点是采用"隔堂讨论"——本堂课讨论上堂课讲授的内容。一般可以这样进行：第一步是传统的授课阶段，因为高等数学抽象性强，学生独自理解起来会比较困难，因此教师先讲授教学内容的重点和难点；第二步是学生吸收阶段，让学生在课后对基本内容进行总结归纳，找到自己的薄弱点；最后一步是课堂讨论，通过学生的消化吸收，完成对教材内容的理解，在讨论中巩固对所学内容的理解，讨论的形式可以是小组讨论、师生讨论。对分课堂中教师只需要讲授主要内容，讲授时间减短，避免了学生注意力集中时间短对教学造成的消极影响，教师更多对学生的学习给予指导，从学生的讨论和提问中，能够了解学生接受新知识的能力，更方便因材施教，而且调动了学生学习的主动性，通过对同学们讨论中存在的问题的解决，提高了教学效果。

五、闯关式课堂教学模式

借鉴游戏闯关的思想，产生了闯关式课堂，通过关卡设置、闯关规则、考核机制等的设计开展教学活动。首先教师把教学内容由低级到高级设置层层关卡，根据教学目标制定闯关条件，让学生根据教师讲解的闯关秘籍形式的内容，探究和晋级，失败后重新挑战，直到通过所有关卡。学生在闯关和感受成功中，主动地构建自己的知识体系，从而完成新的课程内容的学习。比如在函数的单调性和极值这节课中，可以设置基础概念提问考查学生的理解能力，设置函数极值的求法，培养学生的计算能力，设置极值的应用问题，培养学生的运用知识解决问题的能力，由简单到复杂，逐级提高。闯关过程持续整个学期，闯过一关后进入下一关的挑战，根据闯关的表现给学生打出平时成绩，督促学生主动分析问题和解决问题，提升学习能力。

六、问题驱动教学模式

问题驱动教学模式是以学生为核心，以问题为驱动，紧紧围绕"问题"进行教与学的教学方式。美国数学家哈尔莫斯（P.R.Halmos）曾指出："问题是数学的心脏。"解决问题是驱动学生去学习、探索的外在动力，发现问题、提出问题能激发学生进行自主探索学习的积极性。操作起来做到如下方面：首先，构建知识框架，以问题为导向。教师引导学生发现生活中数学应用的案例，以此为问题，将高等数学中的相关知识梳理出来，融入案例中，通过解决案例达到学习数学知识的目的。其次，在讲授理论知识时，要设置好层层递进的问题，一步步引导学生解决问题。比如在讲极限的概念时，让学生先观察一些数列的变化动态，将变化趋势抽象出来总结一下，就得到极限的概念。最后，学习完新的教学内容后，设置由易到难的阶梯式问题，检验学生的学习效果。教师根据教学目标和学生能力，设计由浅入深的各类问题，可以是填空、判断、计算等，尽量细化，查缺补漏，对回答正确的学生给予加分与表扬，充分让学生体验到学习的乐趣。通过问题驱动教学模式，培养学生主动解决问题的能力。

七、开放式课堂模式

开放式课堂教学模式是针对封闭的、僵化的、教条的、缺乏活力的教学模式而提出的，具有丰富内涵。其大致特点如下：

（一）时空的辐射性

开放式课堂教学模式以课堂为中心，从时间上说是向前后辐射，从空间上说是向课堂外、家庭、社会辐射，从内容上说是从书本向各科、自然界和操作实践辐射。全过程开放、全方位开放、全时空开放，这是和封闭式教学相比的显著不同点。

（二）主体性

开放教学以人为本，强调人的主体作用，特别重视挖掘师生的集体智慧和力量，充分调动其积极性、主动性、自觉性。课堂上学生是学习的主体，问题让他们提，疑点让他们辨，结论让他们得，教师应充分放手激发学生的主动性和创造性。

（三）方法的创新性

"没有最好，只有更好""一题多解"，问题的答案不是唯一的，不受定势的影响，不受传统的束缚。思考、解决问题要多角度、多因果、多方位，创新形式是开放教学的核心。比如，在讲极限的计算时，鼓励学生用各种方法求得结果。

（四）与时俱进性

课堂教学只有与时代事物结合才能永远具有生气勃勃的活力。教材的改革远远滞后于时代迅猛发展的步伐。因此教师应有意识、有计划地吸收科技发展的前沿成果，让我们的课堂永远跳动着时代的脉搏。

八、集启发式、探究式、讨论式、参与式于一体的课堂模式

《国家中长期教育改革和发展规划纲要（2010—2020 年）》倡导的"启发式、探究式、讨论式、参与式"课堂教学模式，是启发学生的好奇心、发挥学生的学习主动性、培养学生创造性思维、改变灌输式教学的教育方式，对于打造高素质创新型人才具有十分重要的作用。其核心是启发，主要形式是探究和讨论，主要表现是学生为教学活动的重要参与者。首先，教师根据教学的重难点，有目的、循序渐进地进行启发式讲授，让学生在思考中掌握书本知识。然后，在启发式授课的引导下，教师针对学生的难点和疑点，为学生准备讨论和探究的题目，让学生进行讨论和探究，解决老师所提的问题。最后，讨论结束后，教师根据课堂的具体情况，引导学生对重要知识做出归纳和总结，从而准确地掌握教学内容。整个过程，学生的参与性时刻被放到首位，才能保证教学效果，教师可根据学生表现进行奖惩，做好监督。

在上课过程中，不论哪一种教学模式，都有自己的优点和缺点，但是均对传统教学做出了改革。在课堂教学中，根据课程内容，选取合适的教学模式，扬长避短，从而达到理想的教学效果。丰富的教学模式，为学生喜欢数学、探究数学内容提供更好的教学环境。好的教学模式，不但能让学生学得知识，更重要的是培养学生良好的思维习惯，提升学生的综合素质，为国家培养栋梁之材贡献力量。

第五节　基于雨课堂的高等数学教学实践

本节探讨差异教学在高等数学教学中的应用，提出应用雨课堂实施差异教学理念的方法；总结了大学生数学差异教学的模式实施的可行性及初步方法，提出了以知识点资源建设为载体的问题交互模式，以学习路径的方式获得具体数据，为后续用社会网络技术分析学习行为提供必要的数据。

高等数学教学要把理论供给与个人需求、知识传授与情感共鸣、传统优势与信息技术、课堂教学与社会实践有机结合起来，解决好真学真懂真信真用的问题，切实增强大学生数学课上的获得感。

高等数学教学研究应该重视学生学习的过程，研究数学教育教学的理论与智力来源，重视知识的发生和发展，给学生留有充足的时间与空间。教学活动的过程中，教师要使

学生亲自参与获取知识与技能的全过程，激发数学学习兴趣，培养运用数学的意识与能力。大学的数学教学中，由于生源层次、知识储备等方面的差异，传统"一刀切"统一标准、统一目标的课堂教学弊端日益凸显。

在高等数学的教学中教师能意识到学生个体学习的差异性，但在统一的教学目标、教学内容、教学过程、教学方法、教学组织形式、教学评估等方面并没有满足学生不同的需要、学习风格或兴趣等。

这就要围绕学生、服务学生，聚焦其所思、所想、所盼、所求。坚持一把钥匙开一把锁，使理论供给与个人需求合拍对路。突破传统的教学模式，探索结合学生自身学习的个性发展方式，是目前提高高等数学教学效率的重要任务。笔者的教学实践成效和数据表明：改变教学模式，兼顾学生个体学习的差异性，有效照顾到学生之间的差异，设计差异性教学模式，学生对学习内容了解的正确率提高一倍，开展差异化教学势在必行。

当今时代，互联网突破了课堂、学校和知识的传统边界，以"两微一端"为代表的新媒体对学生的影响越来越大。只有赢得互联网，才能赢得青年；只有过好网络关，才能过好时代关。

综上所述，本节提出了基于雨课堂的高等数学的教学实践，突破传统教学模式，实现差异性教学的实践与探索。

一、雨课堂在高等数学教学中的优势

雨课堂基于 PowerPoint 和微信（因为老师最常用的软件就是这两个，不需要硬件投入，傻瓜化快捷易上手），针对师生互动不顺畅、数据收集不完整、在线教育不落地等多个问题进行了集中的解决。

雨课堂提供了"课前预习 + 实时课堂 + 课后考卷"全程教学活动的数据采集，从经验主义向数据主义转换，以全周期、全程的量化数据辅助老师判断分析学生学习情况，以便调整教学进度和教学节奏，做到教学过程可视可控。组合使用线下活动或翻转课堂或项目实验，让师生教学融合更紧密，教学相长。

我校每间教室的电脑设备上都装有雨课堂教学软件，为开展基于雨课堂的教学实践提供了便利条件。

二、高等数学差异教学理念通过雨课堂的实践与探索

（一）差异教学理念概述

差异教学继承了我国因材施教的教育思想，但又给予新的发展。孔子当时提出的因材施教立足于个别教学，现在倡导的差异教学立足于集体教学；因材施教的"材"在孔子心目中主要是指天赋的品德才能，差异教学的差异则主要是指个性差异，是先天因素与后天教育环境的相互作用；由于时代的局限性，因材施教在一定程度上体现出"以教为中心"，注重对个体教化。差异教学则强调"教"为"学"服务，立足班集体，强调共性与个性辩证统一。满足学生的不同需要，尊重差异，促进学生自主地最大限度的发展。

差异教学是一种能体现教育教学原理的重要思想，也是一种教学的重要手段，它非常强调"再创造和重视过程性的教学原则"与"教师的主导性和学生的主体性相结合的教学原则"。这与弗赖登塔尔、波利亚等提出的教学方法惊人地相似。

（二）通过雨课堂实施的高等数学教学改革内容

本节探讨了大学数学网络教学平台建设中的一个具体问题，即如何提高大学生数学学习兴趣、学习效率，总结了大学生数学差异教学的模式实施的可行性及初步方法，提出了以知识点资源建设为载体的问题交互模式，以学习路径的方式获得具体数据，为后续用社会网络技术分析学习行为提供必要的数据。

依据差异教学的理论，探讨差异教学在高等数学教学中的应用，提出应用雨课堂实施差异教学理念的方法。

将雨课堂应用于评估学生个体数学知识和能力，根据评估结果，将学生分为几个学习层次；在教学中，应用雨课堂教学软件，上传学习课件、测试题和课后作业题，提供课前预习，辅助课堂教学，为各层次的学习者提供差异化的学习支持；并通过雨课堂布置课后预习及选择题形式的小测验，检测学生的学习效果；对于不同层次的学生，规定其作业题的完成的数量及难易程度来实施高等数学差异化教学。

"课上＋课下＋课后"的雨课堂，基本实现了教师对教学全周期的数据采集工作，从课前预习、课堂互动、课后作业等层面，帮助教师分析课程数据，量化分析学生的学习情况，精准教学。

三、基于雨课堂的差异性教学模式推进了高等数学教学的改革

突破传统的教学模式，探索结合雨课堂的高等数学教学新模式，适于学生自身学习的个性发展方式。为高等数学的教学注入新的活力，使枯燥乏味的课堂氛围不再出现；

让学生在大学数学学习中获得满足感，真正构建起数学知识的理论体系，锻炼出一种追求真理、探索数学奥秘的科学精神。促进每个学生在原有基础上，高等数学学习都得到最大发展或者说使得学生的潜能得到最大的挖掘，使得学生能够找到一种属于自己的学习环境与学习方式，充分挖掘学生所具备的潜能，实现数学教育的价值。改变学生被动学习的现状，提高对数学学科的兴趣，树立学好数学的信心。拓展学生的数学学习思维，突出数学的探究性规律和数学素养的培养。

创建集问卷、口述及数学第二课堂（如数学建模、数学实验、数学文化等）考查等形式的大学生数学知识和能力的综合评估模式。创建针对大学生个体量身定做的课后复习及练习的系统的高等数学内容。整理出基于雨课堂系统的课堂教学课件及课后复习、练习等电子内容，供教师资源分享。

第五章　高等数学教学方法研究

第一节　高等数学中案例教学的创新方法

新时期教育对教育质量和教学方法提出了越来越高的要求，高校的教育理念不断更新，教学方法不断发展。高等数学作为高校重要的必修基础课，可以培养学生的抽象思维和逻辑思维能力。目前学生学习高等数学的积极性较低，对此，教师可以应用案例教学法，该方法灵活、高效、丰富，能充分提升学生的主观能动性和积极性，增强其分析问题和解决实际问题的能力，培养学生的创新思维，实现新时期创新人才培养目标。本节就高等数学中案例教学的创新方法展开了论述。

一、高等数学案例教学的意义

案例教学是一种以案例为基础的教学方法：教师在教学中发挥设计者和激励者的作用，鼓励学生积极参与讨论。高等数学案例教学是指在实际教学过程中，将生活中的数学实例引入教学，运用具体的数学问题进行数学建模。高校高等数学教育过程的最终目标是提高学生的实践意识、实践技能和开创性的应用能力。在数学教学中引入案例教学打破了以理论教学为主的传统数学教学方法，取而代之的是数学的实用性，尊重学生自主讨论的数学教学理念。

案例教学法在高等数学教育中的运用，弥补了我国教师传统教学方法的不足，将数学公式和数学理论融入实际案例，使之更具现实性和具体性。让学生在这些实际案例的指导下，理解解决实际问题的数学概念和数学原理。案例研究法还可以提高大学生的创新能力和综合分析能力，使大学生很好地将学习知识融入现实生活。此外，案例研究法还可以提高教师的创新精神。教师通过个案研究获得的知识是内在的知识，能在很大程度上把"不安全感"的知识融入教育教学。它有助于教师理解教学中出现的困境，掌握对教学的分析和反思。教学情境与实际生活情境的差距大大缩小，案例的运用也能促使教师更好地理解数学理论知识。

二、高等数学案例教学的实施

案例教学法在高等数学教学中的应用，不仅需要师生之间的良好合作，而且需要有计划地进行案例教学的全过程，以及在不同实施阶段的相应教学工作。在交流知识内容之前，应该先介绍一下，并且可以深化案例，让学生更好地了解相关知识。案例深化了主要内容，使学生更好地理解讲课内容。在此基础上，引导学生将定义和句子提到更高层次。提前将案例材料发给学生，让学生阅读案例材料，核对材料和阅读材料，收集必要的信息，积极思考案例中问题的原因和解决办法。

案例教学的准备，包括教师和学生的准备。教师根据学生的数学经验和理论知识，编写数学建模案例。在应用案例研究法时，首先概述案例研究的结构和对学生的要求，并指导学生组成一个小组。其次，学生应具备教师所具备的数学理论知识。教学案例的选择要紧密联系教学目标，尊重学生对知识的接受程度，最终为数学教学找到一个切实可行的案例。教学案例的选择和设计应考虑到这一阶段学生的数学技能、适用性、知识结构和教学目标。通常理论知识是抽象的，这些知识、概念或思想是从特定的情况中分离，并以符号或其他方式表达出来。在应用案例教学法时，应注意教学内容和教学方法，强调数学理论内容的框架性，计算部分可由计算机代替。例如，在极限课程的教学中，应强调来源和应用的限制，而不强调极限的计算。

三、高等数学案例教学的特点

（一）鼓励独立思考，具有深刻的启发性

在教学中，教师指导学生独立思考，组织讨论和研究，做总结。案例研究能刺激学生的大脑，让注意力随时间调整，有利于保持最佳的精神状态。传统的教学方式阻碍了学生的积极性和主动性，而案例教学则是让学生思考和塑造自己，使教学充满生机和活力。在进行案例研究时，每个学生都必须表达自己的观点，分享自身经历。一是取长补短，提高沟通能力；二是起到激励作用，让学生主动学习、努力学习。案例教学的目的是激发学生独立思考和探索的能力，注重培养学生的独立思考能力，锻炼学生分析和解决问题的思维方式。

（二）注重客观真实，提高学生实践能力

案例教学的主要特点是直观性和真实性，由于课程内容是一个具体的例子，所以它呈现一种形象，一种直观生动的形式，向学生传达一种沉浸感，便于学习和理解。学生将在一个或多个具有代表性的典型事件的基础上，形成完整严谨的思维、分析、讨论、

总结，提高自身分析问题、解决问题的能力。众所周知，知识不等于技能，知识应该转化为技能。目前，大多数大学生只学习书本知识，忽视了实践技能的培养，这不仅阻碍了自身的发展，也使其将来很难进入职场。案例研究就是为这个目的而诞生和发展的。在校期间，学生可以学习和解决许多实际的社会问题，从理论转向实践，提高实践技能。

高等数学案例教学运用数学知识和数学模型解决实际问题。案例教学法在高等数学教学中的应用，使学生充分发挥自身的主观能动性，能有效地将现实生活与高等数学知识结合起来，从而使学生在学习过程中获得更好的学习效果，提高高等数学教学质量。案例教学可以创设学习情境，激发学生学习数学的兴趣，提高学生的实践能力和综合能力，促进学生的创新思维，实现新时期培养创新人才的目标。

第二节　素质教育与高等数学教学方法

2010 年 7 月 13 日，温家宝总理在全国教育工作会议上的讲话中指出："在人才培养过程中着力推进素质教育，培养全面发展的优秀人才和杰出人才，关键要深化课程与教学改革，创新教学观念、教学内容、教学方法，着力提高学生的学习能力、实践能力、创新能力。"这一讲话的实质就是强调将单一的应试教育教学目标转变为素质教育开放多元的教学目标，以提高学生的创新实践能力。高等数学作为普通高等农业院校的一门基础必修课程，其在课程体系中占有非常特殊而重要的地位，它所提供的数学思想、数学方法、理论知识不仅是学生学习后继课程的重要工具，也是培养学生创造能力的重要途径。这就要求高等数学教学也要更新教育观念，改革教育方法，突破传统高等数学教学模式的束缚，适应现代素质教育的要求，从而培养出具有高等数学素质的卓越人才。

一、改革传统的讲授法，探索适应素质教育需要的新内容和新形式

由于各方面原因的存在，目前高等数学课堂教学仍采用"灌输式"的传统讲授教学方法，课堂上以教师的讲解为主，主要讲概念、定理、性质、例题、习题等内容，而以学生的学习为辅，学生主要跟随教师抄笔记、套公式、背习题。从而，学生在教学活动中的主体地位被忽视，被动地接受教师讲授的内容，完全失去了学习的积极性和主动性，无法培养学生的创新思维和创新能力，与素质教育的目标背道而驰。但由于高等数学的知识大多是一些比较抽象难懂的内容，学生的学习难度较大，学生对高等数学的基础理论的把握以及对基本概念定理的理解离不开教师的讲解，因此讲授式的教学方法，在我

们的教学实践中起着相当重要的作用，这就要求我们肯定讲授式的教学方法在高等数学教学中的应用，并对其进行必要的革新，使其符合素质教育培养目标的需要。

（一）优化教学内容，制定合理的教学大纲，为讲授法提供科学的理论体系

高等数学是工科类专业学生学习的一门公共基础课程，可根据学生的生源情况及各专业学生学习的实际需求，在保持内容全面的同时，优化教学内容，对其进行适当的选择和精简，制定符合各工科类专业需求的科学合理的教学大纲，并建立符合素质教育要求的高等数学课程体系，力求使学生充分理解和系统掌握高等数学的基本理论及其应用。为此，我们将高等数学分为四类，即高等数学 A 类、高等数学 B 类、高等数学 C 类和高等数学 D 类，其总学时数分别为 90 学时、80 学时、72 学时和 70 学时，教学内容的侧重点各不相同。如此制定的教学大纲适应高等教育发展的新形势，适合我校教学实际情况，有利于提高学生的数学素质，培养学生独立的数学思维能力。

（二）运用通俗易懂的数学语言来讲授相对抽象的数学概念、定理和性质

教学过程中，学生学习高等数学的最大障碍就是对高等数学兴趣的弱化。开始学习高等数学时，大部分学生都以积极热情的态度来认真学习，但在学习的过程中，当遇到相对抽象的数学概念、定理和性质时，就会失去热情，产生挫折感，甚至有少部分学生因而丧失学习高等数学的兴趣。因此，为了激发学生学习高等数学的兴趣，我们可以把抽象的理论用通俗易懂的语言表述出来，将复杂的问题进行简单的分析，这样学生理解起来就相对容易一些，从而使讲授法获得更好的效果。

（三）利用现代化的教学手段，创新讲授法的形式

长久以来，高等数学的教学过程一直都是"一块黑板＋一支粉笔"的单一的教师讲授方式，这种教学方法使学生产生一种错觉，认为高等数学是一门枯燥乏味、抽象难懂，与现实联系不紧的无关紧要的学科，致使学生不喜欢高等数学，丧失了对数学的学习兴趣。那么如何才能培养学生的学习兴趣，提高学生的数学文化素养，进而提高教学质量呢？这就需要我们在不改变授课内容的前提下，运用现代化的教学手段，以多媒体教室为载体，实现现代教育技术与高等数学教学内容的有机结合，使学生获得综合感知，摆脱枯燥的课本说教，使课堂教学变得生动形象、易于接受，进而提高学生学习的主动性。

二、运用实例教学缩短高等数学理论教学与实践教学的距离

讲授法作为高等数学教学的主要方式，有其合理性和必要性。但是讲授法也有一定的弊端，容易造成理论和实践的脱节。因此，在强调讲授法的同时，必须辅以其他教学

方法来弥补其不足，以适应素质教育对高等数学人才培养目标的需要，而实例教学法就是比较理想的选择。

（一）实例教学法的基本内涵及特点

所谓实例教学法就是在教学过程中以实例为教学内容，对实例所提出的问题进行分析假设，启发学生对问题进行认真思考，并运用所学知识做出判断，进而得到答案的一种理论联系实际的教学方法。

与传统的讲授法相比，实例教学法具有自己的特点。实例教学法是一种启发、引导式的教学方法，改变了学生被动地接受教师所讲内容的状况，将知识的传播与能力培养有机地结合起来。实例教学法可以将抽象的数学理论应用到实际问题中，学生可以充分地认识到这些知识在现实生活中的运用，从而深刻理解其含义并牢固地掌握其内容。它能激发学生的学习兴趣，活跃课堂气氛，培养学生的创造能力和独立自主解决实际问题的能力，是一种帮助学生掌握和理解抽象理论知识的有效方法。

（二）实例教学法在高等数学教学中的应用及分析

实例教学法融入高等数学教学中的一个有效方法，是在教学过程中引入与教学内容相关的简单的数学实例，这些数学实例可以来自实际生活的不同领域，通过解决这些具体问题，不仅能够让学生掌握数学理论，而且能够提高学生学习数学的兴趣和信心。

下面我们通过一个简单的实例说明如何把实例教学融入高等数学的教学之中。

实例函数的最大值最小值与房屋出租获最大收入问题。函数的最大值最小值理论的学习是比较简单的，学生也很容易理解和掌握，但它的思想和方法在现实生活中却有着广泛的应用。例如，光线传播的最短路径问题、工厂的最大利润问题、用料最省问题以及房屋出租获得最大收入问题等等。

我们在讲到这一部分内容时，可以给出学生一个具体实例。例如，一房地产公司有50套公寓要出租，当月租金定为1000元时，公寓会全部租出去，当月租金每增加50元时，就会多一套公寓租不出去，而租出去的公寓每月需花费100元的维修费，试问房租定为多少可以获得最大收入？此问题贴近我们学生的生活，能够激发学生的学习兴趣，调动学生解决问题的积极性和培养学生独立创新的能力。在教学过程中，我们首先给出学生启发和暗示，然后由学生自己来解决问题。此时学生对解决问题的积极性很高，大家在一起讨论，想办法，查资料，不但出色地解决了问题，找到了答案，而且在这一系列的活动中，学生对所学的知识有了更深入的理解和掌握，得到了事半功倍的学习效果。可见，实例教学法在高等数学的教学中起到了举足轻重的作用。

结合素质教育的要求和高校大学生对学习高等数学的实际需要，通过多种教学方法的综合运用，多方面培养学生数学的理论水平和实践创新能力，使学生的数学素养和运用数学知识解决实际问题的能力得到整体提高，进而为国家培养出更加优秀的复合型农业人才。

第三节　职业教育与高等数学教学方法

高等数学在高职生的教学中有很重要的地位，然而大部分针对高职学生的高等数学教材重要还是理论性的内容，和社会生活联系并不多。非专业的学生不愿意学习高等数学，这种情况比较普遍，要改变这个现状需要高等数学教师对教学内容和教学方法进行变革，从而提高教学质量。

笔者在一所职业大学从事高等数学的教学，在教学中笔者发现职业大学的学生数学水平参差不齐，部分学生可以说是零基础，学生主观上对高等数学有畏学情绪，客观上高等数学难度较大需要更严密的思维，因此在职业大学教高等数学是一门比较难教的课程。数学是所有自然科学的基础课程，是一门既抽象又复杂的学科，它培养人的逻辑思维能力，形成理性的思维模式，在工作、生活中的作用不可或缺，所以任何一名学生都不能不重视数学。作为高等数学的教师，必须迎难而上，提高学生的学习兴趣，充分地调动学生学习数学的积极性，同时适当调整学习内容、丰富教学方法。

一、根据专业调整教学内容

职业大学学生绝大多数不会从事专业的数学研究，学习高等数学主要是为学习其他专业课程打基础并培养逻辑思维能力，因此比较复杂的计算技巧和高深的数学知识对于他们未来的工作作用并不明显。而现在职业大学高等数学教材针对性不强，所以教师需要根据学生专业的情况对教材进行取舍。对于机电专业的专科学生高等数学中的微分、积分以及级数会在专业课程中得到应用，像微分方程这类在专业课中并不涉及的知识点可以省略；专业课中数学计算难度要求并不高，较复杂的计算也可以省略；另外在教学过程中必须重视学生逻辑思维能力的训练，可以结合数学题目的求解给学生介绍常用的数学方法、数学的思维方式，以提高学生的抽象推理能力。

二、提高学生的学习兴趣

兴趣是最好的老师。数学是美妙的，但是数学学习往往又是枯燥的，学生很难体会到这种美妙。如何提高学生对高等数学的兴趣是授课教师需要思考的问题。笔者在教学中为了让教学更加生动加入了一些生活中的数学应用。比如，为什么人们能精确预测几十年后的日食，却没法精确预测明天的天气？为什么人们可以通过网络安全地浏览网页而不会被监听？为什么全球变暖的速度超过一个界限就变得不可逆了？为什么把文本节件压缩成 zip 体积会减少很多，而 mp3 文件压缩成 zip 大小却几乎不变？民生统计指标到底应该采用平均数还是中位数？当人们说两种乐器声音的音高相同而音色不同的时候到底是什么意思？在这些例子中数学是有趣的，体现了基础、重要、深刻、美妙的数学。

三、培养学生自我学习的能力

"授人以鱼不如授人以渔"，单纯教会学生某一道题目的计算不如使学生掌握解题的方法。因此讲解题目时可以结合方法论：开始解一道题的时候我会告诉学生这就和解决任何一个实际问题一样，首先从要观察的事物开始，把数学题目观察清楚；接下来就需要分析事物，搞清楚题目的特点、有什么样的函数性质、证明的条件和结论会有什么样的联系，根据计算情况准备相应的定理和公式；最后就是解决问题，结合掌握的计算和推理技巧完成题目的求解。通过这样的讲解和必要的练习，学生完成的不再是一道道独立的数学题目，实现的是方法论的应用，也是更清晰的逻辑思维的训练，有助于提高学生的自我学习能力。"教是为了不教"，使学生掌握解题方法，有自学能力，以后工作中碰到实际问题也能迎刃而解。

四、重视逻辑思维的训练

不管是工作还是生活中人们都会遇到数学问题，如果没有逻辑思维只是表面理解就有可能陷入"数学陷阱"。在教学中笔者常常举这样一个例子：有个婴儿吃了某款奶粉后突发急病死亡，而奶粉厂却高调坚称奶粉没有问题，是否有股对这个黑心奶粉厂口诛笔伐并将之搞垮的冲动呢？且慢，不妨先做道算术题：假设该奶粉对婴儿有万分之一的致死率，同时有 100 万婴儿使用这款奶粉，那就应该有约 100 名孩子中招，但事实上称使用该奶粉后死亡的说法却远远没有 100 个。再假设只有这个婴儿真的是因为吃该品牌奶粉致死的，那该奶粉的致死率低至百万分之一。再估计一个数据，一个婴儿因奶粉之外的疾病、护理不当等原因而夭折的概率有多少？鉴于现在的医学进步，给出个超低的万分之一数据，基于以上的算术分析，答案已经揭晓了，即此婴儿死于奶粉原因的概率，是死于非奶粉概率的 1/100。若不做深入的调查研究，仅靠吃完奶粉后死亡这个时间先后关系，来推理出孩子是吃奶粉致死的这个因果关系，从而将矛头指向了奶粉厂，那就有约 99% 的可能性犯了错，因此要找到更多的证据。这是现实问题的概率学计算。在数学的教学中可以加入一些社会争议性的话题，用数学的方法和思想加以分析揭开事件的真相，学生的逻辑思维会在其中逐步提高。

受教育是一种刚需，高等数学教育是不可缺少的，然而教学内容和教学手段不应墨守成规，要根据社会和学生的需求有所改变。大学基础数学教育所应该达成的任务应该是让一个人能够在非专业的前提下最大限度地掌握真正有用的现代数学知识，了解数学家的工作怎样在各个层面和社会产生互动，以及社会在这个领域的投资得到了怎样的回报。

第四节　基于创业视角的高等数学教学方法

创业教育在教育体系中具有重要作用，能够有效促进大学生全面发展。而高数作为专业基础课程，对于学生后期专业学习发展具有促进作用，能够一定程度上培养学生的创新能力和创新精神，为培养创业人才打好基础。

随着教育环境不断变化，教育方式越来越多样化，且逐渐融入不同高校，并相应地取得一定成果。其中，创业教育影响力较高，它以培养学生创业基本素养以及开创个性人才为重点，以培育创业意识、创新能力以及创新精神主要目的。高数属于基础课程，重点以培养学生发现、思考和解决问题的能力。在创业背景下，加强高数教育改革，不断提高大学人才培养，逐渐将就业教育过渡为创业教育显得尤其重要。

一、基于创业视角下高数教学存在的问题

因多数学生高中阶段以题海战术为主，步入大学校园后，仍对数学学科的概念是抽象、无法理解，且因数学学科的枯燥性，所以多数学生对于数学学科兴趣较低。高数主要包含微积分、函数极限等，较为乏味。多数学生认为，高数与实际应用毫无联系，在实际生活中应用较少。此观念易导致学生对高数产生厌学情绪，进而影响学习积极性和学习效率。

现阶段，高数教学教学方法以讲授法为主，就是指任课教师对教材重点进行系统化讲解，并分析讨论疑难点，而学生则重点以练、听为主。该类教学模式重点以教师为主，全局把控教学内容以及教学进度。但由于高数课程相对复杂，且知识点具有抽象性以及枯燥性，若学生仅以听、练为主，易使多数学生无法理解，长期如此会使教学课堂气氛

比较沉闷，学生对于高数兴趣逐渐降低，进而影响教学效果。

目前，多数院校高数教学以课件教学为主，但是大部分课件在制作时较为烦琐，要具备较高计算机操作能力和构思能力，而多数教师在课件制作时，为了提高工作效率，多是照搬教材。同时，由于教学内容相对较多，而课时较少，多数教师为了赶教学进度，急于讲课，且对于课件翻页速度较快，导致多数学生无法充分理解便进入其他知识点，难以学好高数，进而产生消极、懈怠状态，影响教学效率和教学质量。

二、创业视角下高数教学方法探讨

在创业视角下，高数教学主要目的是不断培养、提高学生创新实践能力以及创新精神，培养学生的创业意识、创业实践能力，改变传统教学模式，重点以学生为中心，根据学生各方面素质采取创业性教学，积极指引学生提高高数学习效率，有效提高高数教学发展。

（一）教学设计

课程设置对学生的意识层面有基础性的影响作用，想要培育出创业型的人才就应该重视课程在学生精神方面的重要作用。

1. 大学一年级设置"创业启蒙"课程。一年级的课程在学生的学习生涯中具有重要的意义，对学生后期的兴趣走向、选择方向具有重要的引导作用，因此要培养创业型的人才就应该从一年级的课程抓起，将目标设置为培养学生具有创业者的创业意识和创业精神。课程的设置可以根据蒂蒙斯创业教育课程的设置理念，既要注意学科知识的基础性、系统性，也不能忽视学生人文精神的培养。按照蒂蒙斯创业教育的理念，课程设置应该主要是通过对学生进行创业意识熏陶，培养学生的创业者品质。课程设置方面可以设置为《创业基础精品课程》《数学行业深度解读课程》《高等数学的创业之路》等课程，在熏陶下培养学生的创业意识。

2. 大学二年级设置"创业引导"课程。二年级是一年级课程的延伸，学生经过一年级的熏陶已经有了大概的创业意识，学会了高等数学的创业方法。按照蒂蒙斯的观念，在这一阶段应该将课程设置为"引导"课程，即将寻找商业机会、战略计划等融入课程中，让学生在接受高等数学的课程教学时还能潜移默化地接受相关的创业知识，引导学生树立创业精神。

3. 大学三年级设置"创业实战"课程。三年级的课程是学生最后一年的课程，在学生的学习生涯中具有重要的作用，这时的学生经过一、二年级的熏陶、引导，已经有了足够的创业的准备，其课程设置应该以为学生提供创业的模拟、创业实战教学为主。在这个阶段，根据蒂蒙斯的观点，应该着重让学生多进行创业的自我体验，依托各专业创业工作室，让学生体会高等数学创业的实际情况，以特色项目为载体虚拟创业实践，培养学生的创业能力。

（二）课堂教学

1. 问题情境教学

创业性教学重要渠道在于对学生创新能力、创业能力予以培养，创新精神在创业精神中具有重要的作用，对于发现创业机会、创建创业模式具有重要的作用，因此应该重视对学生创新性精神的培养。据有关学者阐述，及时发现问题、系统阐述问题相比于解答问题重要性更高。解答问题仅局限于数学、实验技能问题，但是提出新问题以及新的可能性，需要从新的角度进行思考，并且要具有创造性想象。高数属于初等数学的扩展以及延伸，其核心部分是问题，而数学主要就是将生活中的问题逐渐转变为数学问题。同时，高数教学目标是对学生进行分析问题以及解决问题能力的培养，在此条件下，使学生能够提出问题，并且其培养创新能力。因此，实际课堂教学中，任课教师应该以问题情境法教学，抛出问题，积极引导学生思考、解决问题，大胆创新、创造新问题并及时发现、解决问题，使其在解决问题中能够收获新知识。对学生进行启发式教学，能够步步引导、启发，让学生主动思考，获得新知，进而感受数学学习的快乐。通过启发式教学能够有效扩展学生的思维能力，激发其学习积极性，对学生创新能力发展具有促进作用。相比于传统灌输式教学而言，可有效体现学生主体地位，充分调动学习积极性，逐渐使学生从被动转变为主动，不仅能提高其学习效率，又能培养其创新能力。

2. 高数教学和实例有机结合

因多数高校高数教学以任课教师授课为重点，知识索然无味，易导致学生对高数失去兴趣，严重影响学习效率。但将实例案例和课堂教学相结合，能有效激发学生的学习兴趣和积极性。比如，在多元函数机制和具体算法课程中，可实行实践课程，以创业、极值为课程题目，让学生根据课堂所学知识，对创业中出现的极值问题进行模拟研究。此外，通过小组的形式，让组员通过社交软件对创业项目细节进行讨论，并阐述自身观点和意见，最终选取适宜课题，借助实地调查等形式，并查阅资料实行项目研究，撰写相应论文报告，以展示研究成果。将高数教学与创业教育相结合的形式，能够不断激发学生特长和才能，使学生充分认识高数，进而起到培养学生客观、理性分析问题的作用，以激发学习主动性和热情性。

（三）实践

将课程设置与创业实践结合起来，在学生有了一定的创业意识和创业能力后学校应该开展相应的实践活动来丰富创业实战课程。通过开展"高等数学创业计划竞赛"等活动，围绕高等数学，让学生进行创业模型探索，模拟创业计划，进行市场分析，组织创业公司等。此外，学校应该重视为学生提供创业平台，为学生搭建创业服务中心、产业园组成的创业实践基地等。

创业教育在社会发展中尤其重要，属于社会发展需求，能够有效推动人与社会的发展，而大学生作为社会特殊群体，对其进行创业教育能够有效推动学生全面发展，为创业提供基础。高数作为专业基础课程，能够一定程度上为学生后续学习提供基础性支持，对教育体系具有重要意义。因此，高校教育者要提高对于高数教学的重视程度，不断加深学生认知，同时，将创业教育、高数教学有机结合，为社会培养高质量、创新型人才。

第五节　高等数学中微积分教学方法

对很多学生而言，微积分学习显得非常深奥，很多时候百思不得其解。这就需要我们教师改革教学方法，提升学生的学习兴趣。本节先分析微积分的发展与特点，接着研究高等数学中微积分教学的现状及存在的问题，最后提出改善微积分教学的方法，意在抛砖引玉。

在高等数学中，微积分是不可或缺的教学内容之一，微积分与我们的现实生活息息相关，其中的很多知识已经被广泛应用到经济学、化学、生物学等领域，促进了科学技术的迅猛发展。

一、微积分概述

从某个角度而言，微积分的发展见证了人类社会对大自然的认知过程，早在17世纪，就有人开始对微积分展开研究，诸如运动物体的速度、函数的极值、曲线的切线等问题一直困扰着当时的学者。在此情况下，微积分学说应运而生，这是由英国科学家牛顿和德国数学家莱布尼茨提出来的，具有里程碑式的意义。19世纪初，柯西等法国科学家经过长期探索，在微积分学说的基础上提出了极限理论，使微积分理论更加充实。可以看出，微积分的诞生是基于人们解决问题的需要，是将感性认识上升为理性认识的过程。

如今，高等数学中已经引入了微积分的内容，主要包括计算加速度、曲线斜率、函数等内容。学生掌握好微积分的内容，对他们形成数学思想和核心素养有着广泛而深远的意义。

二、高等数学中微积分教学的现状

微积分教学对学生的抽象逻辑思维提出了很高的要求。教师要根据学生的学习心理组织教学，方能收到事半功倍的教学效果，但微积分教学现状并不尽如人意，直接影响了教学质量的有效提升。存在的问题具体体现在以下几点：

（一）教学内容缺少针对性

在高校中，微积分教学是很多专业教学的重要基础，学好微积分，能为学生的专业学习奠定基础，这就需要教师在微积分教学中，结合学生的具体专业安排教学内容，这样可以使学生感受到微积分学习的意义与价值。但是很多教师忽视了这一点，教师在所有专业中安排的微积分教学内容都是千篇一律的，很多时候，学生学到的微积分知识是无用的，影响了教学目标的顺利完成。

（二）教学过程理论化

微积分的知识具有很大的抽象性，对学生的逻辑思维提出了很高的要求。很多学生对微积分学习存在畏惧心理，这就需要教师在教学过程中灵活应用教学方法，提升学生的学习兴趣。但从目前来看，很多教师组织微积分教学活动时，经常采取"满堂灌""一言堂"的传统教学法，教学过程侧重理论性，教师只是将关于微积分的计算方法灌输给学生，没有考虑到学生的学习基础，导致学生积累的问题越来越多，最后索性放弃这门课程的学习。

（三）教学评价不完善

一直以来，教师对学生掌握微积分的情况，都是通过一张试卷来检验，以分数来考查学生的学习能力。这样的教学评价方式显得过于单一，试卷的考查方式仅能从某个角度反映学生的理论学习水平，无法判断学生的学习情感和学习态度等要素。这种教学评价方式不够合理，迫切需要改革。

三、高等数学中微积分教学方法的改革建议和对策

（一）改革教学内容

教学内容是开展课堂教学的重要载体。我们都知道微积分课程的知识体系比较庞大、知识点比较多，很多时候对学生的学习能力提出了严峻的挑战，所以我们教师在课堂教学中要为学生精选教学内容，结合学生的专业性质，按照当今科学技术发展水平选择合适的教学内容。目前，我们已经进入了信息技术时代，计算机软件已经得到了广泛应用，

所以在教学过程中可以淡化极限、导数等运算技巧的教授，注重为学生介绍数学原理和数学背景，比如"极限"概念为什么要用" $\varepsilon-\delta$ "语言阐述？"微元法"的本质意义在哪里？诸如此类的问题，可以调动学生的好奇心。教师要用通俗易懂的语言为学生解释这类问题的背景，使学生更好地学习数学概念，降低他们的学习难度。针对微积分中的定理证明，要强调分析过程，师生一起挖掘定理的诞生过程，而不是一味强调逻辑推理的严密性，否则会增强学生的思想负担。另外，教师也可以利用几何直观法来说明数学结论的正确性，教师安排学生探索定积分基本性质的证明，让学生借助几何直观图来证明设想，这样可以培养学生的创新思维，使他们感受到自主探索的趣味性和成就感。

另外，在教授微积分基本概念时，教师要注重微积分知识的应用，为学生介绍一些合适的数学建模方法，使学生畅游在数学世界中，感受微积分的实用价值。总之，教师要结合学生的实际情况安排教学内容，这样才能事半功倍地完成教学目标。

（二）灵活应用教学方法

正所谓"教学无法、贵在得法"，改革高等数学中微积分教学的方法有很多，关键是教师要灵活应用，根据教学目标和教学内容选择合适的教学方法，案例式教学法、启发式教学法、问题式教学法都可以拿来应用。鉴于我们已经进入信息技术时代，多媒体技术已经渗透到教育领域，笔者认为，在微积分教学中应用图像化、数字化教学手段比较可行。所谓图像化教学，就是在教学过程中利用计算机合理设计数学图形，帮助学生更好地理解教学内容。事实上，我国古代数学家刘徽早就提出了"解体用图"的思想，即利用图形的分、合、移等方法对数学原理进行解释。事实证明，利用图像化教学，可以化抽象为具体，符合学生以具体形象思维为主的特点。教师在教学过程中要重视这种教学方法的应用，帮助学生提升空间思维能力。

微积分中有很多内容适合使用这种教学方法，比如函数微分的几何意义、积分概念和性质的论述等，都离不开图形的辅助。迅速绘制所求积分的积分区域是一个基础步骤，我们可以借助计算机完成这样的操作。笔者在教学过程中一直有意识地引入计算机教学，使微积分的教学内容变得动态化和数字化，比如在讲解"泰勒定理"时，笔者利用计算机直接给出一些具体函数的图像以及此函数在某一点的 n 阶展开式的图像，并让学生进行比较。有了计算机的辅助，学生可以清晰明了地看到在 0 点附近，随后展开阶数的增加，展开式的图像更接近函数的图像。

除了计算机教学法，我们还可以引入讨论式教学法。学生的个性各有不同，他们对微积分学习也有各自的理解，教师可以将学生分为几个小组，让他们根据某道微积分题目进行讨论，学生在讨论过程中会发生思维的膨胀，每个人都发表见解，问题在无形中就得到了解决。比如在讲授"对称区域上的二重积分的计算"这部分内容时，笔者为学生安排的问题是"奇偶函数在对称区间上的定积分有什么特性？怎样证明？"笔者让学生以小组为单位，针对这个问题进行自由讨论，学生纷纷开动脑筋，挖掘知识的本质，找到解决问题的答案。这样的教学过程还能在潜移默化中培养学生的合作精神。

（三）优化教学评价

学生的学习过程是一个自我体验的过程，每个学生都有自己的个性，他们的内心世界丰富多彩，内在感受也不尽相同，所以教师不能用一刀切的方式来评价学生，而应该将过程性评价与终结性评价有机结合在一起，重在对学生的学习过程进行考查和判断。教师要结合学生的实际情况，为学生建立成长档案，因为微积分学习确实有一定的难度，教师要肯定学生的进步，给予学生及时的表扬，以此激发学生的学习成就感。教师可以将学生的出勤、回答问题的表现都纳入评价范围中，考查学生掌握基础知识的情况，还可以给学生提供一些数学建模题，考查学生利用理论知识解决实际问题的能力。除了教师评价，还要加入学生自评和学生互评的做法，让学生自评价自己学习微积分的能力、情况与困惑，这样可以让学生更好地定位自我，发现自己在学习中存在的问题，进而查缺补漏，更有针对性地学习微积分。

课堂教学是一门综合性艺术，高等数学中的微积分教学具有一定的难度，知识比较深奥，教师要想让学生学好这部分内容，必须灵活应用教学方法，重视教学评价，使学生能不断总结、不断完善，并学会用微积分知识解决现实中的问题，让学生为未来的后继学习奠定扎实的基础。

第六章　数学文化与大学数学教学的融合

第一节　文化观视角下高校高等数学教育

　　近年来，我国教育体制改革深入实施，各所高校逐渐增加对高等数学教学的重视度。数学文化作为人类文明的重要构成部分，是高数教育和人文思想的整合。高校要想提升高数教学质量，应注重数学文化的渗透，并深度掌握数学文化的特征。本节通过分析文化观视角下高校高等数学教育价值，以及数学文化特征，探索高校高等数学教育面临的困境，最终提出相关应对措施，以期为高校高等数学教育提供参考。

　　数学文化在数学教育持续发展中逐渐形成，伴随时代变化，数学文化也在持续更新。文化观视角下，高等数学教育不但蕴含数学精神、数学方法等，还包含高数和社会领域的联系，以及与其他文化间的关系。简而言之，文化观即应用数学视角分析与解决问题。利用文化观视角处理高数问题，有利于学生深入理解与学习高数知识。同时，由于数学文化有丰富的内涵以及趣味性的高数内容，有助于调动学生对高数的学习热情。因此，在高数教育中，教师应适当渗透数学文化观，引导学生应用文化观视角解析高数问题，使学生全面理解高数，并应用高数知识处理问题。

一、文化观视角下高校高等数学教育价值

（一）调动学生对高数学习热情

　　文化观视角下，高等数学教育适当增加文化内容教学。数学文化区别于传统直接的传授抽象、较难理解的高数知识，文化相对灵活，并且丰富性以及趣味性较强。高等院校中，高数作为多数专业的基础学科，其理论知识对于部分大学生而言，较为抽象难懂。要想使学生深入理解高数知识，需要高数教师在课堂中应用案例教学方式，通过列举实际例子辅助知识讲解。并且，单纯地讲授高数理论，学生对其兴趣较低。因此，渗透数学文化，有助于引导学生了解高数知识，激发学生学习兴趣。

（二）促使学生充分认知数学美

文化观视角下，高校高等数学教育，有助于推动大学生充分认知数学美。文化具有丰富多彩以及艺术美感的特征。文化内涵需要学生与教师经过长期探索，感知其含义，数学文化沉淀了多年来相关学者对数学的探索与研究。其中蕴含的任何一个内容均有其存在的特殊价值与意义。并且，在了解文化内涵的过程中，可以深刻感知到其趣味性及数学美。同时，高数并非单纯的数字构成的理论知识，高数具备自身独特的艺术美感，并存在一定规律。

二、数学文化特征

（一）数学文化具有统一性特征

数学文化作为传递人类思维的方式，具有其特殊的语言。自然科学中，尤其是理论学中，多数科学理论均应用数学语言准确、精练地阐述。比如，詹姆斯·克拉克·麦克斯韦（James Clerk Maxwell）提出的电磁理论，以及阿尔伯特·爱因斯坦（Albert Einstein）的相对论等。新时代下，数学语言是人类语言的高级形态，也是人们沟通与储存信息的主要方法，并逐渐成为科学领域的通用符号。除此之外，由于高数知识自身逾越地域及民族限制。数学文化作为人类智慧结晶，伴随社会进步，数学文化统一性特征在日后会突显在各个领域。

（二）数学文化具有民族性特征

数学文化是人类文化中蕴含的重要内容，存在于各个民族文化中，也彰显出数学文化民族性的特征。同时，数学文化受传统文化、地区政治以及社会进步等因素的影响，民族所在地区、习俗、经济以及语言等内容的差异，产生的数学文化也不同。例如，古希腊数学与我国传统数学均具有璀璨的成就，但其差异性也较大。相关学者指出，若某一地区缺乏先进的数学文化，其地区注定要败落。同时，不了解数学文化的民族，也面临败落的困境。

（三）数学文化具有可塑性特征

相较其他文化，数学文化的传承与发展，主要路径是高校高数教育，高数教学对文化的发展具有十分重要的作用。数学知识渗透在各个领域中，要想促进科技、文化以及经济等进步与发展，数学是有效路径。数学自身具备的特征，决定其文化中蕴含知识的可持续性以及稳定性。因此，教育工作者可通过革新高数教育体系，渗透和影响数学文化。数学作为一种理性思维，对人类思想、道德以及社会发展均具有一定影响。从某种意义上而言，数学文化具有可塑性特征。

三、高校高等数学教育面临的困境

（一）教学理念相对落后

高等数学的特征主要呈现在由常量数学转向变量数学，由静态图形学习转向动态图形学习，由平面图形学习迈向空间立体图形学习。在文化观视角下，部分高数教师仍采用传统教学理念。在高数课堂中，教师并未将数学文化与高数教学有机结合，教学理念也相对滞后，对文化观背景下的高数内涵认知有局限性。例如，在空间立体图形相关知识学习时，教师利用多媒体将图形呈现给学生，用多媒体替代黑板加粉笔的组合。但这一方式，多以高数教师为中心，多媒体用于辅助教师讲授知识。教师往往忽视学生学习方法，对数学文化的渗透也相对不足。

（二）缺乏创新教学模式认知

高数学科具有其独有的特征，数学逻辑严密、内容丰富。但是，文化观视角下，高数教学面临创新性不足的难题。一方面，高数教学中无法体现文化观内容。数学课堂作为评价教学质量的主要途径，传统教学模式中，部分教师过于注重数学公式、解题技巧以及概念的讲解，忽视与学生间的互动交流，学生实践解题机会较少，难以检测自身高数知识的掌握程度。另一方面，课堂进度难以控制。部分教师虽在课堂中渗透数学文化，但往往将数学知识全部展示给学生，导致课堂进度较难控制。

（三）评价体系缺乏合理性

近几年，我国高校针对高等数学的教学评价还未完善，缺乏合理性评价机制，较易导致功利行为。高等数学作为基础性工具学科，其价值往往被学生忽视。多数大学生较为注重自身专业课的学习，对相对抽象且难以理解的高数学科，重视度不足，缺乏对高数学习的积极性。因此，学生在课堂中与教师互动不足，导致教学评价内容相对单一。部分院校将高数课堂中，教师是否渗透数学文化作为评定教学质量的主要指标。除此之外，文化观视角下，高数教师评价学生时，往往停滞在评定学生成绩的层面。忽视高数课堂中，学生呈现出的数学能力以及高数知识结构，导致多数学生对高数教学评价结果不认同。这一缺乏合理性的评价体系，对高数教师教育积极性、学生学习高数主动性均产生反向影响，对高数教学质量的提升造成阻碍。

四、文化观视角下高校高等数学教育的有效策略

（一）重视高数与其他学科间的交流

高数不是单一的学科，作为基础性工具学科，高数与其他专业均有紧密联系，如化学专业、软件技术专业等。并且，多数专业的学习均以高数作为基础。高数学习十分重要，要想使学生充分认知到其重要性，高数教师应增加高数与其他专业间的交流。在讲授高数理论的同时，引导学生学习其他专业知识，促进学生深入了解数学德育应用范围。通过这一方式，使学生认识到学习高数的价值，有助于调动学生自觉学习高数的动力。

（二）革新教学理念

革新教学理念，提升高数教师综合素养。高校应呼吁教师群体通过调研、探讨等方式，逐渐确立文化观视角下高数教学理念，并将其实践到高等数学教育中。在这一基础上，高校相关部门应倡导、推广、践行新型高数教学理念，促进院校高数教学迈向数学文化的方向。此外，高校高数教师应深刻认识到，单纯凭借教材知识的讲解，难以调动大学生对高数的求知欲。然而，丰富、趣味性的数学文化可以吸引当代大学生关注度。因此，高数教师不但应将教材中蕴含的高数知识讲授给学生，还应在教学中渗透数学文化。革新教学理念，使大学生在丰富有趣的数学文化中，深入理解与学习高数知识，实现高数教学目标，促进学生数学能力的提升。

（三）创新教学模式

高校高等数学课堂中，传统依赖教材讲解知识、学生听讲以及练习数学习题的教学模式，已经无法满足大学生发展要求。由于高数知识相对抽象，传统的教学方式难以使学生深入理解。同时，大学生历经小学、初中以及高中等阶段的数学学习，在高数学习阶段，大学生自身已经了解相对完整的数学体系。因此，教师在高数教学中，应增加引导学生学习的教育环节，使学生可以将自身所学的高数知识熟练应用到生活中，并具备解决实际问题的能力。文化观视角下，教师应将高数知识和实际问题有机融合，在实践中培养学生逻辑思维以及分析问题的才能。高数教师应为学生提供充足的实践机会，引导学生利用高数理论解决实际问题。在这一过程中，教师应起到辅助及引导作用。这一教学模式，不但可以培育学生对高数的热情，强化学生综合能力，还能使学生切实认知学习高数的价值及意义，并在解决问题后取得一定的成就感。

综上所述，高校高等数学教育中，部分教师还未深刻认知到数学文化的重要性及其价值，对文化观的重视程度相对较低。但伴随高数教育的革新与发展，多数教师逐渐意

识到高数课堂渗透文化观的重要性，并践行到高数教学中。伴随教师综合素养的持续提升，在高数教育中结合数学文化，有助于使学生逐渐增加对高数的兴趣，激发学生求知欲，进而提高高数教学质量，促进高校教育事业以及大学生共同发展进步。

第二节　数学文化在大学数学教学中的重要性

数学文化在大学数学中占有重要的地位，如何更好地在大学数学教学中融入数学文化是当前面临的难题。本节首先浅析大学文化在大学数学教学中的内涵和重要性，同时详细分析数学文化在大学数学教学中的具体应用。

数学是社会进步的产物，推动着社会的发展。数学文化融入课堂改变传统的教学方式，以便更好地提高学生的学习兴趣，充分发挥学生的主体作用，培养学生的逻辑思维。教师通过不断创新教学方式，提高课堂教学水平，确保教学质量。将数学文化应用在大学数学课堂中，可以更好地提高教学理念，激发学生学习数学的兴趣。

一、数学文化在大学数学教学中的内涵与重要性

（一）数学文化的基本内涵

不同的民族有不同的文化，所以有不同文化的数学。中国的传统数学和古希腊数学都有辉煌的成就和价值，但是两者存在明显的差异。数学文化内涵十分丰富。数学发展的历程是一种文化现象。数学文化过度形式化，让人们错误地认为数学只是天才想象的创造物，数学的发展不需要社会的推动，数学是存在的真理不需实践。

（二）数学文化的重要性

数学文化在大学数学中的重要性，主要包括两方面：

1. 提高学生的学习兴趣。数学教师在课堂中可以结合数学文化进行教学，提高学生对数学的学习兴趣，从而提高课堂教学质量。在课堂中运用不同的教学方法，不仅能够激发学生的学习兴趣，还能够提高教学质量。结合实际课堂背景，教师可以通过多媒体方式进行教学。多媒体功能齐全，可以展示数学文化的视频、图画，吸引学生的注意力，从而使数学课堂变得更加丰富、生动。教师在教学的过程中，结合实践培养学生的逻辑思维能力。

2. 培养学生的创新能力。教师是课堂中的引导者，学生是主体，教师与学生之间要建立良好的关系，平等交流。大学期间是培养学生逻辑思维能力的关键阶段，在数学课

堂教学中融入数学文化，对培养大学生的逻辑思维创新能力尤为重要。数学教师可以制定具体的教学目标，在制订教学方案时要从学生的实际情况出发，这样才能够在教学的过程中充分地发挥数学文化的作用。

二、数学文化在大学数学教学中的具体应用

（一）改变传统教学理念

在大学阶段学习数学，教师不单向学生传授课本知识，同时还要结合数学文化，让学生认识数学发展的历程，提高学生学习数学的兴趣。通过在课堂上学习数学知识，学生在掌握数学知识的同时，还了解了数学文化。比如：伟大的数学家阿基米德，在数学领域具有突出贡献，他的很多手稿保留至今。很多数学家把阿基米德的原著手稿翻译成现代的几何学。利用阿基米德的数学成就潜移默化地让学生认识数学，提高学生的数学知识。

（二）丰富课堂内容

大学教师在开展实践活动时，要结合学生的实际情况制订具体方案。选择最优质的数学内容，丰富课堂教学内容，丰富数学文化的基本内涵。数学教师在课堂中结合数学文化，适当结合数学历史，讲授数学的发展历程。课堂中融入数学文化，首先应该让学生知道数学是一门专研科目，运用推理法和判断法可以解决数学问题等。当前教学的改革越来越关注学生的发展，所以需要教师要提高教育水平、创新课堂教学方法、具备高效的数学课堂教学理念。比如学校可以组织关于数独、填色游戏等一系列数学实践活动，使学生在活动中培养逻辑思维能力，同时还激发其对数学的兴趣。

（三）强化数学史的教育

大学数学教师在课堂中应该加强数学史的教育，丰富数学文化。例如，可以介绍以华人命名的数学科研成果、中国的数学成就、数学十大公式以及著名的数学大奖等有关数学的知识。通过这种传授方式，能够让学生从宏观的角度了解数学的发展历程，同时对数学历史进行研究，学生还可以了解中外数学家的成就和重要的品格。最重要的是了解数学的发展历程、探究数学家的思想，这可以帮助学生掌握数学发展的内在规律，对数学的学习进行指导。

（四）了解数学与其他学科之间存在的联系

教师在课堂中要引导学生了解数学与其他科存在的联系，可以在课堂中介绍物理学、天文学等重大发现都与数学息息相关。牛顿力学和爱因斯坦的相对论、量子力学的诞生

等重要的研究成果都是以数学作为基础。现代许多高科技的本质就是运用数学技术进行研究的，例如，指纹的存储、飞行器模拟以及金融风险分析等。当今数学不仅是通过其他学科进行技术研究，而是直接应用于各个技术领域中。

综上所述，数学不仅是一种文化语言，也是思考的工具。将数学文化应用在大学数学课堂中，能提高学生的独立学习的能力。学生在独立学习的过程中，找到学习的方法。教师通过课堂检测发现学生存在的问题，进一步引导学生探索正确的学习方法。因此数学教师要对数学进行不断的探究和发现，充分发挥数学文化在大学数学中的作用，吸引更多学生学习数学，进而创造更多的数学文化价值。

第三节　大学数学教学中数学文化的有效融入

数学是一门十分有魅力的学科，学习数学对大学生来说意义重大。数学不仅仅是科学技术知识学习的基础，而且和生活有紧密的联系。笔者从数学文化的重要意义与作用出发，探究大学数学教学中融入数学文化的有效路径。

高等数学教育是大学教育课程体系中的重要组成部分，数学教育不仅仅是一门单独的学科，与其他的学科也有极大的关联性，尤其是理工科。数学文化一方面可以增强学生学习数学的兴趣和增强学生对数学的理解，帮助学生提高数学成绩；另一方面也能够帮助学生感受到数学与社会之间、数学与生活之间、数学与其他文化之间的紧密联系。这对于学生理解和学习数学，融入其他的知识体系有十分重要的意义。但是，目前一些院校并没有将数学文化的教育纳入数学教学课程体系之中，对数学文化的教育的重视程度还不够，没有充分理解数学文化对数学学习的重要意义，师资力量不够强，评价制度不够完善。有鉴于此，笔者探索将数学文化融入大学数学教学的路径。

一、加强师资队伍建设

在大学数学教学中融入数学文化是需要教师资源的有力保障才能够完成的工作。没有优质的教师，在大学数学教学中融入数学文化这项工作就不可能得到很好的推进。进行教学工作的教师是决定教育成果好坏的根本力量，因此，必须加强师资队伍建设。一是增加大学数学教师的专业知识。大学数学教师在数学文化融入大学数学教学中起到引导作用，他们本身的数学文化基础和对数学文化的理解、掌握程度对在大学数学教学中融入数学文化具有根本性的影响。大学数学教师应当对数学史有很深刻的学习，准确把握数学史的发展、数学文化和数学思想；准确掌握数学语言，能够运用数学语言让大学生感受到数学文化的魅力。在教授过程中，大学教师要增强自己对数学与社会关系的认识。数学不是一门孤立的学科，与社会具有很强的关联性，可以说，在社会的方方面面，在每个人的工作与生活中，都要运用到数学知识解决一些问题。教师在教学中要很好地将数学文化与数学教学结合起来。二是增强教师的职业道德。大学教师不仅是把知识传授给学生，更是道德品质的楷模。教师在进行大学教学时，要以严谨的作风和扎实的行为开展大学数学教育工作。教师的职业道德素养决定着教育的好坏程度，影响着教学成果。就数学文化融入数学教学中这项工作而言，教师的工作作风和道德品质有极其重要的影响。三是为大学教师提供良好的生活保障。建立专业的大学教师队伍对发展数学文化融入数学教学有十分重要的意义。只有当教师的生活得到了基本保障，才可能全身心地投入到数学教学中，才能创新工作方法，将数学文化引入数学的教学中，增强教学效果和教学质量。

二、与时俱进，转变教学思想

在大学数学教学中，思想影响着教学效果。目前一些大学教师对数学文化融入数学教学中的认识不够充分，没有完全认识到数学文化融入数学教学中的重要意义。数学文化可以加深学生对数学的理解认识，增强学习数学的兴趣，对数学教育可以达到事半功倍的效果，然而在实际的教学中，一些教师并没有将数学文化融入数学教育教学中。在教学中，仅仅将数学的解题方法和枯燥的数学公式作为数学教学的重要内容。教师应该认识到数学文化对于数学教学的重要意义。第一，大学教师应该认识到数学教育是大学教育中的一部分。数学不仅仅是一门学术型教育，而且是一项人文教育，将数学文化融入大学数学教育中，能够增强学生的人文气息，让学生在学习数学的同时融入社会、融入生活，将数学知识融入其他各项知识之中。第二，学校要营造数学文化的氛围。数学文化的氛围营造对将数学文化融入大学数学教育有极其重要的作用。学校可以在公共部位张贴数学文化的宣传海报，组织数学文化的宣讲会，让学生充分认识到数学文化的重要意义，在校园内营造数学文化的传播范围。第三，学生要转变思想。学生是学习数学的主体，他们的思想得不到转变，数学教育的效果就不会有显著提升。教师在进行数学教育时，要教育学生的思想，提高学生的思想认识，让学生充分认识到数学文化也是数学教育中的重要内容；在教学中注意引导学生自主学习数学文化的兴趣和能力，让学生感受到学习数学文化的重要性。

三、完善数学文化的教学体系

在教学中融入数学文化的教育内容，需要不断完善数学文化的教学体系。从数学教学的整体出发，将数学文化内容融入整个数学教学的体系中，对促进数学文化融入数学教学有十分重要的作用。首先，将数学文化思维融入数学教学体系中。数学思维是数学文化的重要组成部分，数学教学的意义在于让学生用数学的思维思考问题。数学思维是严谨的思维，科学的思维。善用数学思维，巧用数学思维，对学生学习数学有重要的促进作用。在数学教学中，将数学思维教育作为主要教学内容是推动数学文化融入数学教学中的一部分。其次，将数学语言作为重要的数学文化内容融入数学教育中。数学语言也是数学文化中重要的内容，主要由符号和抽象的数学概念组成。运用数学语言能够准确地表达数学的思想、数学的思维方式和数学的思维过程。语言是文化传播的载体，在数学这里也不例外，数学语言也是数学文化传播的主要载体。在大学数学教学中融入数学文化一定要学会用数学语言这一重要工具，擅用数学语言传播数学文化，对促进数学文化在大学数学教学中的融入有重要作用。最后，重视大学数学文化课程体系建设。大学课程虽然已经有完善的课程体系，但是并没有将数学文化的教学内容科学地纳入教学体系之中，并没有单独的数学文化教学课程。在实践教学中，应当将数学文化作为一门重要的课程，对学生进行单独的教学，提高学生对数学文化课程的重视程度。

四、建立数学文化教育的考核评价体系

考核评价是检验数学文化教学的重要抓手，建立数学文化教育的考核评价体系有利于推动数学文化融入数学教学之中。一是推动数学文化融入数学教育的教师考核评价。数学文化融入教育教学的具体工作成绩作为数学教师绩效考核的重要指标。考核大学数学教师在进行数学教育的过程中是否将数学文化融入数学教育中，有没有让学生感受到数学文化的魅力、体会到数学文化的精髓。应对在这方面做得较好的教师给予宣传和奖励，以激励其他教师。在数学教学中融入数学文化的内容，将表现较好的教师的教学方法进行广泛的宣传和推广，扩大影响范围。将好的教学方法传授给其他教师，增强数学文化融入数学教学中的实际影响力。对于在这方面做得较差的教师，给予批评和指导，帮助他们将数学文化融入数学教学中。二是建立学生的数学文化考核评价制度。在对学生进行课程考核时，将数学文化的学习成果作为考核指标之一，这样可以提高学生对数学文化学习的重视程度和学习的主动性。单纯将数学计算的考核成绩作为为评价指标不利于全面评价学生数学学习情况。将数学文化的学习情况作为学生数学学习成绩好坏的

评价指标之一，对于全面评价学生的数学学习情况有十分重要的意义。对于一些在数学文化学习上取得成绩的学生应给予奖励，激励他们在今后的数学学习中发挥优势，注重数学文化的学习，并将其作为学习的榜样。

第四节　数学文化提高大学数学教学的育人功效

将数学文化渗透到大学数学教学中具有重要意义，它能够培养大学生的数学文化素质。本节对数学文化进行了简要阐述，研究了数学文化在大学数学教学中形成的育人功效，并在最后阐述了在大学数学教学中渗透数学文化的方法。

随着数学文化思想的不断渗透，人们对数学教学工作也更为重视，特别是大学生的数学素质在当今教育发展中具有重要意义，所以，加强数学文化的教学实践过程，不仅能够使学生在数学学习中感受到文化，还能形成不同的文化品位，从而提升数学教育与数学文化的概括性发展。

学生一般会认为数学是一种符号，或者是一个公式，它能够利用合适的逻辑方法计算，并得出正确的答案。1972年，数学文化与数学教学作为一种研究领域出现，并象征着传统的知识教育转变为素质教育。所以，在大学数学教学中，要利用传统的教学方法，提高学生的素质能力。

传统的文化素质教育，主要培养学生的人文素养，并提高学生在自然科学中的科学素质以及文化素质。数学教学不仅仅是一种文化教学，也是一种科学思维方式的培养过程。所以，在数学教学中，在学生形成一定认知的情况下，对学生的成长以及生命的潜在需求进行关注，并将学生的知识思维转移到价值发展思维上去，形成一种动态性教学形式。在这种情况下，不仅能够使学生在课堂教学中形成全面认识，还能促进学生在认知、合作以及交往等能力方面的相互协调与发展。

当前，在数学课堂中主要对数学中的定理与公式更为关注，但这并不是数学的本身。在课堂教学中，都是经过习题训练的方式才能掌握数学知识的真实信息，要促进该方式的优化与改善，就要将数学文化渗透其中，并促进数学理念与数学模式的创新发展，然后将数学文化与一些抽象知识联系起来，以保证数学课堂具有较大的灵活性。而且，通过对数学思想的深度研究，学生的创造意识以及理性思维精神也得到积极培养，其中，数学中形成的理性知识是在其他学科中无法实现的，它是数学中的一种特殊精神，因此，在数学教学中，不仅要重视相关理论知识的传输，还要重视育人，使学生认识到数学文化的重要性，激发学生的学习兴趣与学习热情。数学中的教与学是一个互动过程，它能够让学生在其中积极探讨，所以说，利用数学文化不仅激发了学生的积极性与主动性，促进学生形成良好的创新精神，还使学生更热爱数学，合理掌握数学知识，以提高自身的科学文化素质。

一、数学文化应用到大学数学教学中形成的育人功效

（一）执着信念

将数学文化渗透到大学数学教学中能够使学生形成执着的信念，信念是认知、情感以及意志的统一，人们在思想上能够形成一种坚定不移的精神状态。大学生如果存在这种信念，不仅能够在人生道路上找到明确的发展目标，为其提供强大的前进动力，还能形成较高的精神境界。信念也是一种内在表现，主要包括人生观、价值观等方向，而存在的外在表现更是一种坚定行为。所以，大学生在人生的道路上要确立目标，就要将信念作为一种动力。我国在当今发展背景下，已经将国家发展落实到青年中去，因此，在这种发展情况下，大学生更要加强自身信念，并形成正确的人生价值观，这才是教育工作者在发展过程中应主要思考的内容。当前，大学生的思想政治都是积极向上的，面对现代较为激烈的竞争社会，一些大学生也存在盲从现象，不仅形成的信念比较模糊，也产生一些社会责任问题。所以，在大学数学教学中，渗透数学文化，不仅能够对大学生的人生价值观进行积极引导，还能对我国理想价值观的建设起到积极作用。例如，在大学数学中学习《微积分》课程中就存在一些育人功效，它不仅能够阐述数学发展的历史，使学生感受到数学家的独特魅力，还能使其从知识中获取更多鼓励，并增强自己的学习信念。

（二）优良品德

在大学教学中，学生不仅要具备完善的科学技术文化，还要形成较高的思想道德品质。学生在大学数学学习过程中，也要形成一些优良品德，所以，将数学文化贯彻到大学数学教学中，能够将一些育人功效完全体现出来。在其中，教师就要适时转变，不断调整，以使学生能够适应大学生活。很多学生在高中阶段都向往着大学的自由，但大学生活与学生想象的存在较大差异，这时候，他们会比较失落、沮丧，所以，应对大学生思想进行及时调整。例如，在《微积分》课程中，针对一个问题，要求学生利用多种思维、学会变通，保证能够在解决问题期间随机应变。还要使学生将数学真理作为主要依据，并学会创新，从而使学生形成正确的人生观与价值观。将数学文化渗透到大学数学教学中，能够对大学生善于发现问题、随机应变的解题能力进行培养，并使其在其中学会创新，以促进其全面发展。

（三）丰富知识

将数学文化渗透到大学数学教学中去，能够使学生掌握丰富的知识。因为在大学数学学习中，学生不仅要具有较强的专业知识，还要形成广阔视野。大学数学是高校开设的一门必修课程，能够提高学生的数学能力。在实际教学期间，教师不仅将传授知识与训练能力，还要不断挖掘课程中的相关素材，以保证数学文化、数学历史以及数学知识等在课程中得到充分体现。数学真理都是经过实践验证的，学生经过学习，不仅能够养成敢于挑战的精神，还能利用相关思想应用到其他科目上去。

（四）过硬本领

将数学文化渗透到大学数学中去，能够培养学生的过硬本领。随着我国数学历史文化的深远发展，人们在生产与生活中都需要数学知识。在新时期，数学在科学技术、生产发展中发挥着巨大作用，并在各个领域中得到充分利用。其中，微观经济学中就需要函数、微积分等知识，能够利用数学手段解决社会与市场上面对的问题。例如，万有引力定律、狭义相对论以及方程形式等都是利用数学知识得来的，所以说，数学在很多领域中扮演着较为重要的角色。而且，将数学文化渗透到大学数学教学中，还能提高学生的数学素养，并促进其自身培养过硬本领。文化是人们在社会与历史发展中创造的精神财富，它不仅是一种价值取向，也能对人们的行动进行规范。数学文化存在较高的文化教育理念，能够对存在的问题进行分析解决。因此，使学生在数学学习中感受到数学文化与社会文化之间的关系，从而使其数学文化素养得到积极提高，保证创新人才、高素质人才的培养目标积极形成。

二、渗透数学文化提高大学数学教学功效的对策

（一）转变数学教学观念

在大学数学教学中，教师要转变传统的思想观念，保证在实际的数学教学中纳入数学文化。数学观的形成在教学中存在着较为客观的影响，数学教师的思想观念直接影响着学生对数学知识的掌握，如果形成不合适以及消极的数学观念、数学教学方法，对学生的思维发展产生的将是负面影响。为了增强对它的认识，并在思维方式上形成积极性以及完美的追求，就要体现出逻辑与直观、分析与构成、一般与个性的要素研究。只有共同的发展力量才能实现数学的本身价值，因为数学并不是表面上一种简单的知识总和，人们主要将其看作是一种创造性活动。所以说，数学观念具有多种特点，其中也包括多种数学教育方法。随着现代科技文化与现代形态的形成，它们都是在数学思想上发展起来的，所以，数学教育者应改变传统的、单一的数学观念，并促进其教学符合当代的发

展需求。数学也是一种逻辑体系，在对其创造过程中需要猜测、推理等。不仅要在大学数学教学中体现出理性精神，还要将社会文化作为依据，促进人文价值的实现。在大学数学教学过程中，教师要促进数学理性精神与文化素质的结合发展，并根据数学思想的积极引导，有效促进自身传授的有效性，保证数学思想得到合理渗透。

（二）联系文化背景

结合文化背景，促进大学数学教学课堂的优化。在高考教学目标的积极引导下，学生认为数学学习是为了考试，所以，为了使学生形成正确的学习思想，教师就应根据文化背景进行分析。目前，大学数学课程中的相关知识都比较陈旧，在西方，他们认为数学中的一些知识都要利用逻辑方法对其证明，所以在人们的思想中形成一种思维体系。从古希腊时代至今，数学在自然发展以及社会进步中都有着重要作用，根据我国发展的具体情况以及古代的一些数学思想，它成为一种使用技术。我国数学文化中缺乏一种理性精神以及科学精神，并没有形成一种理性哲学规律，我国也没有形成一种与自然、与社会等因素相关的数学精神，并将数学作为社会发展中的一种使用工具。在这种背景下，要求学生不仅要接受西方的理性主义，还要对我国的传统文化形成认知，并打破自身的思维局限，将数学文化作为主要的发展背景，以实现数学的文化价值以及产生正确的理性数学精神。

（三）加强思想方法运用

在数学教学中，加强思想方法运用能够激发学生的学习兴趣。目前，大学生在应试教育发展下都习惯实现解题训练以及技能训练，他们认为数学是解题，但忽视了数学本质中的一般思想方法。在大学数学教学中，学生应认识一种技巧，并对其中的数学知识进行推理、判断等。所以，在教学中，要加强学生的思想阐述，并激发学生的学习兴趣。宏观的数学思想，主要包括哲学思想、美学思想以及公理化方法等；一般的数学思想方法，主要包括函数思想、极限方法以及类比、抽象等，所以说，数学思想方法隐藏在数学知识中，它不仅能够揭示出原始的思想，还能以独特的方法促进其演变过程。数学思想方法要展示出知识的发生过程，并能够对其中的细节进行点拨。例如：在泰勒公式中，首先，要了解泰勒公式最初产生的背景，因为在航海事业发展中，会利用到三角函数、航海表等，不仅需要确定其中的精度，还要解决一些问题，所以说，函数是非线性知识中良好的思想方法。然后，提出相关问题，因为该方法不能实现较高的精确度，所以，就要运用多项式、高精度二次公项式。接着，对猜想的结论进行证明，并得出泰勒公式。最后，将泰勒公式的复杂式表现为简单化。

大学数学教学不仅仅是知识的传授，还是学生素质提高、能力培养的过程，将数学文化渗透到大学数学教学中去，使学生认识到数学知识与数学文化之间的关系，然后实现两者之间的有机结合。在这种层面，不仅能够揭露数学文化代表的意义，还能保证大学数学教学达到良好效果，从而使学生在文化熏陶下提高自身的数学素养。

第五节　数学文化融入大学数学课程教学

从数学文化融入大学数学课程的背景与现状分析，提出了教学改革思路及需要解决的关键问题，给出了将数学文化融入大学数学课程的具体实施方法。实践表明，通过教学改革充分调动了学生的学习积极性，提高了学生的数学能力，取得了较好的教学效果。

大学数学课程是理工科专业开设的必修课，对于理科及工科专业，教师以讲授数学知识及其应用为主。对于数学在思想、精神及人文方面的一些内容很少涉及，甚至连数学史、数学家、数学观点、数学思维这样一些基本的数学文化内容，也只是个别教师在讲课中零星地提到一些。很多文科专业使用的教材和课程内容基本是理工科数学的简化和压缩，普遍采取重结论不重证明、重计算不重推理、重知识不重思想的讲授方法，较少关注数学对学生人文精神的熏陶，更多从通用工具的角度去设计教学。因此，很多大学生仍然对数学的思想、精神了解得很肤浅，对数学的宏观认识和总体把握较差。而这些数学素养，反而是数学让人终身受益的精华。因此，在大学数学教学中应注重数学文化的融入，培养学生的数学修养。

一、数学文化融入大学数学课程教学的思路与解决的关键问题

（一）数学文化融入大学数学课程教学的基本思路及目标

基本思路对于理工科专业的学生，仍然需要加强数学在工具性和抽象思维方面的能力培养，适当地融入数学文化等内容，提高大学生学习数学的兴趣。文科学生参加工作后，具体的数学定理和公式可能较少使用，而能够让他们受益的往往是在学习这些数学知识过程中培养的数学素养——从数学角度看问题的出发点，把实际问题简化和量化的习惯，有条理的理性思维、逻辑推理的意识和能力，周到地运筹帷幄等。所以，对于文科学生而言，数学教育在工具性和抽象思维方面的作用相对次要，在理性思维、形象思维、数学文化等人文融合方面的作用更加重要。

在教学中，应使学生掌握最基本的数学知识，掌握必要的数学工具，用来处理和解决自然学科、社会及人文学科中普遍存在的数量化问题与逻辑推理问题。尽量使文科学

生的形象思维与逻辑思维达到相辅相成的效果，并结合数学思想的教学适度地训练他们的辩证思维。了解数学文化，提高数学素养，潜移默化地培养学生数学方式的理性思维，使数学文化与数学知识相融合，尽可能地做到水乳交融。

基本目标。通过数学文化融入大学数学课程教学使学生理解数学的思想、精神、方法，理解数学的文化价值；让学生学会数学方式的理性思维，培养创新意识；让学生受到优秀文化的熏陶，领会数学的美学价值，提高对数学的兴趣；培养学生的数学素养和文化素养，使学生终身受益。

（二）数学文化融入大学数学课程教学需要解决的关键问题

数学文化融入大学数学课程教学需要解决以下关键问题：（1）数学教育对于大学生尤其是文科大学生的作用；（2）文科高等数学教材体系、教学内容与文科专业相匹配；（3）在教学中培养文科学生形象思维、逻辑思维及辩证思维；（4）将数学文化及人文精神融入大学数学教学中。

二、数学文化融入大学数学课程的实施

（一）将提高学生学习数学的兴趣和积极性贯穿于教学的全过程

教学中从学生熟悉的实际案例出发，或从数学的典故出发，介绍一些现实生活中发生的事件，以引起学生的兴趣。例如，在讲定积分的应用时，介绍如何求变力做功后，用幻灯片展示了 2007 年 10 月 24 日我国成功发射的嫦娥一号卫星，历经 8 次变轨，于 11 月 7 日进入月球工作轨道。然后向学生提出了 4 个问题：卫星环绕地球运行至少需要什么速度；进入地月转移轨道至少需要什么速度；报道说，当嫦娥一号在地月转移轨道上第一次制动时，运行速度大约是 2.4 km/s，这是为什么；怎样才可保证嫦娥一号不会与月球相撞。学生利用已有知识给出了回答，提高了学生的学习积极性。

（二）将揭示数学科学的精神实质和思想方法等数学素养作为教学的根本目的

文科数学课时比理工科少一半，所学的一些具体的定理、公式往往会忘掉，但若通过学习能对数学科学的精神实质和思想方法有新的领悟和提高，才是最大的收获，并会终身受益。数学素质的提高是一个潜移默化的过程，需要教师引导、学生领悟。因此，在数学知识的教学中，应注重过程教学，介绍一些问题的知识背景，讲清数学知识的来龙去脉，揭示渗透于数学知识中的思想方法，突出其所蕴含的数学精神，让学生在学习数学知识的同时，自己体会数学科学精神与思想方法。根据文科学生长于阅读的特点，在教材的各章配置一些阅读材料，要求学生课后认真阅读。这些材料适时、适度地介绍

了基本概念发生、发展的历史，扼要地介绍了数学发展史中一些有里程碑意义的重要事件及其对于科学发展的宝贵启示，以及一些数学家的事迹与人品，介绍了数学科学中的一些重要思想方法。

（三）结合专业特点讲解数学知识

高等数学有抽象的一面，尽管注重过程教学，但数学基础较差的学生仍难以理解数学知识所蕴含的数学思想方法。考虑到文、理、工科学生对自身专业的偏好以及已有的专业知识，在教学中，教师应以学生专业为教学背景，引入课题，说明概念，讲解例题，使得抽象的数学知识与学生熟悉的专业联系起来，激发学生学习的情趣。如介绍微积分在经济领域的应用，通过边际效应帮助学生加深对导数概念的理解；引用李白的诗句"孤帆远影碧空尽，唯见长江天际流"来描写极限过程；通过气象预报和转移矩阵加深学生对矩阵的认识；以《静静的顿河》《红楼梦》等文学艺术作品作者的考证说明数理统计的思想方法；从"三鹿奶粉"事件的法律诉讼引申到假设检验以及如何选取"原假设"和"备择假设"。

在大学数学课程中渗透数学文化素质教育，作为教师，要树立正确的数学教育观，深刻地理解和把握数学文化的内涵，在教学活动中积极实践、勇于创新。对学生来讲，只有利用一定的数学知识或数学思想解决一些现实问题，或了解用数学解决实际问题的一些过程与方法，才能体会到数学的广泛应用价值，真正地形成数学意识，培养数学素养，提高数学素质，从而提高运用数学知识分析问题和解决问题的能力。

第六节　数学文化在高等数学中的应用与意义

目前在我国大部分的高校，不论什么专业都把数学这门学科作为必修课，尤其对于理工学科的学生，数学显得尤为重要，数学无处不在地渗透在他们的学习与日常生活中。高校的教学方式不能像九年义务教育那样，只着重数学的实际应用，在实际的教学过程中，我们要培养学生的数学文化素养，使数学文化能够在高校教学中得以体现。本节以高等数学教学为背景，讲述了数学文化在高等数学中的应用及重要意义。

在高校教学中，理工学科学习的成绩与数学息息相关，要想高标准地掌握理工学科知识，必须具有相对扎实的数学知识及全面的数学思维，这就要求学生在高中的学习中全面发展。九年义务教育中，对数学的教育方式过于死板，只用教材中的公式及理论去解决数学问题，学生的学习目的只是应付考试，而不是发自内心地喜欢数学。进入大学以后，数学的难度增加，如果还用传统的学习方式，不仅数学成绩不会提高，还会影响其他相关科目。所以在大学教学中，要将数学的文化渗透进去，使得学生对数学有更深层次的了解，这样学生在提高学习兴趣的同时，对数学知识也有一定的理解。

一、在高校教学中应用数学文化的重要意义

（一）端正学生学习的态度

学生的心态决定着其对数学学习的态度，学生学习数学的时候，是否有积极性与主动性直接影响到数学学习效果。在教学过程中，我们要将数学文化渗透进去，了解数学文化，从而激发学生的积极主动性，调整学生的学习态度。我们可把一些知名数学家的传记在课堂上进行讲解，用他们那些钻研数学的刻苦精神鼓励学生产生学习的动力及兴趣，达到刻苦学习数学知识的目的。

（二）形成学生对数学学习的意志

数学学科相对其他学科而言，抽象性和逻辑性很强。对于学生来讲，这门学科的难度很大，在数学学习的过程中，会遇到很多困难来打击学生学习的积极性，学生学习数学的时候，显得很吃力，在一道数学题上耗费大量的时间是常有的事，学生很容易产生放弃学习的想法。所以，我们在数学教育过程中，将数学文化知识融入进去，让学生在数学文化历史中得知数学历史的辉煌成就，在提高学生对数学学科的兴趣同时，使学生产生把数学继续发扬的责任与使命感，当有放弃学习数学的想法时，会有一种力量促使他们在学习数学的道路上继续前行。

二、在高校教学中应用数学文化的策略

（一）对教学设计进行优化，展开研究型数学文化教学

数学教学文化主要是教师将数学内涵和数学思想传授给学生的过程，是教师与学生共同发展与交流的过程。教师在教学过程中，要对教学设计进行优化，展开研究型数学文化教学模式，才能使数学文化能够更好地渗透到大学教育中。

要结合学生的专业，研究出学生能够自主且独立思考的教学方式，使其学到基本数学知识的同时，对其数学精神进行培养。在教育的过程中，教师要多鼓励学生将自己的问题与想法提出来，勇于质疑，使得数学文化能够逐渐渗透到高校教学中。

（二）增强教师自身文化素养，取缔传统教学模式

必须取缔传统的教学模式，改变教学观念，提高教师自身的文化素养，才能将数学

文化渗透到数学教学中。由于我国教学一直采用传统教学模式，应试教育使得教师只注重数学的实际应用，而对数学文化只字不提。所以，教师要将原有的教学理念改变，在注重数学教学实际应用的同时，要将数学文化引入课堂中，将数学文化逐渐渗透到数学教学中。教师是数学教学的施教者、组织者和引导者，应该利用课余时间进行进修，提高自身数学知识的同时，增强自身数学文化素养，以丰富的数学文化知识，熏陶自己。在日常生活中，寻找与数学相关的理论知识及使用方法，为课堂上能够更好地将数学文化与知识相融合奠定基础。这样，才能使数学文化更好地渗入大学教学中。

（三）完善数学教学内容，提高学生对数学的学习兴趣

要想将数学文化更好地在高校教学中应用，那么在数学学科的教学过程中，教师要对数学教学内容进行整合，丰富教学知识，不能仅限于将教材内的知识对学生进行灌输。在高等数学教学中，作为教师，要适时将与数学文化相关的内容逐渐引入数学教学中，如数学的发展历史、概念及公式的来由、定理的衍生等，减少课堂教学中的枯燥感，把课堂氛围变得活泼，使学生在学习基础知识的同时，更好地对数学发展历程进行了解。教师在授课的过程中，要简明扼要地讲述教学内容，从而激发学生的学习兴趣，在短时间内，将学生的学习情绪稳定下来，达到吸引学生注意力和开发学生数学文化思维的目的。经过多年的教学经验，我们不难看出，数学教材当中，有很多教学内容能侧面帮助学生形成正确的人生观和世界观，所以，教师在教学的过程中，一定要着重对学生进行数学历史的相关知识进行讲授，使学生更好地对数学发展历程有所了解，渗透数学文化教学的同时提高学生对数学的学习兴趣，促使学生建立数学学习的自信心，提高学生自主学习的积极性。

总而言之，将数学文化引入高等数学教学中，在对教学质量进行提高的同时，还能使学生对数学的学习兴趣增强，从而提高学生对数学学习的自主积极性。所以，作为高校教师，一定要提高自身的数学文化素养，把数学基础知识与数学文化有机结合，将学生对数学知识的好奇心调动起来，使得数学文化能够发挥它最大的作用，让学生能够更好地吸收数学文化基础知识。

第七章　高等数学教学中学生能力培养

第一节　高等数学教学中数学建模意识的培养

如何有效培养学生的数学建模意识历来是高数教师积极探索的课题。本节笔者结合自身教学实践，针对高等数学教学中数学建模意识的培养提出了三点策略性意见，即在概念讲解中挖掘数学建模思想、在定理学习中示范数学建模方法、在大量练习中体会数学建模的应用，希望对相关教育工作者有所助益。

高等数学在数学领域占据着十分重要的地位，它具有严谨的逻辑性和广泛的应用性，是人们在生活、工作和学习中的重要工具。而数学建模的主要意义即为让学生通过抽象和归纳，将实际问题构建成一个可用数学语言表达的数学模型，从而利用数学知识顺利解决，同时在构建模型和解决问题的过程中，也使自身的数学思维及应用能力得到锻炼和发展。鉴于此，如何有效培养学生的数学建模意识历来是高数教师积极探索的课题。以下笔者拟结合自身教学实践，针对高等数学教学中数学建模意识的培养谈几点策略性意见，希望对相关教育工作者有所助益。

一、在概念讲解中挖掘数学建模思想

我们知道，无论哪一门学科的知识，概念和定义的形成都建立在对客观事物或普遍现象的观察、分析、归纳和提炼的基础之上，是经过科学论证形成的学科语言表达。高等数学作为一门逻辑性和应用性强的工具学科，这一点体现得尤为明显，换言之，即其概念和定义都是从客观存在的特定数量关系或空间形式中抽象出来的数学表达，从本质上说，其本身即蕴含和体现了经典的数学建模思想。因此，我们在进行数学概念或定义的讲解时，一定要重视挖掘其中的数学建模思想，使学生从本源的角度更好掌握。具体来说，即为借助实际背景或实例，强调从实际问题到抽象概念的形成过程，使学生体会数学建模思想，这不仅有助于其在潜移默化中逐步树立数学建模意识，也有利于其对概念或定义的理解和掌握。

例如，在讲授极限的定义时，如只单纯灌输，则不少学生会由于其高度的抽象性而感到空洞，如此既不利于对定义的学习，体会数学建模思想更将无从谈起。这种情况下，教师就可合理引入一些实际背景，结合实例进行讲授，如我国古人所说的"一尺之捶，日取其半，万世不竭"，其中就含有极限的思想；再如古代数学家刘徽利用"割圆术"求圆的面积，实际上就利用了极限思想；还可以通过一组实验数据或是坐标曲线上点的变化等实例向学生展示极限定义的形成，并深入挖掘其实质。这样就不仅能使学生相对容易地掌握定义，更能体会其背后的数学建模思想，从而促进其数学建模意识的培养。

二、在定理学习中示范数学建模方法

高等数学中涉及很多重要的定理及公式，学生应在理解的基础上掌握其运用角度和应用方法，并能利用其解决一些与之相关的实际问题，这是对学生学习高等数学的基本能力要求之一。而在引用某些定理解决实际问题时，毫无疑问会涉及数学建模，因此，教师在日常教学中进行定理及公式的讲授时，应注意选择一些相关实际问题作为数学建模的载体，并加以详细而深入的建模示范，从而在学生初始接触定理和公式时即能触发对数学建模思想的应用意识和能力。这可以说是培养学生数学建模意识的关键环节和有力途径，是显著促进学生形成数学建模意识的直接手段。如能长期以这种理论联系实际的方式对学生加以熏陶，无疑能使学生在潜移默化中增强数学建模意识和数学应用能力。

例如，一元函数介值定理是高等数学中的重要定理之一，其应用也比较广泛，在学习此定理时就可以合理引入比较有代表性的实际问题进行建模示范。笔者曾用过有名的所谓"椅子问题"：将一把四条腿的椅子置于一个凹凸不平的面上，椅子的四条腿能否有同时着地的可能？试着做出证明。在示范建模并加以证明的过程中，就使学生对抽象的介值定理有了更深层次的理解，同时使其体会了数学建模的应用，尤其是如何用数学语言描述实际问题，从而更好地建立模型，另外，也在一定程度上提升了学生对介值定理的应用能力。

三、在大量练习中体会数学建模的应用

俗话说"实践出真知"，只有不断地应用演练，才能促使学生真正树立起数学建模意识，并切实体会数学建模思想及方法的应用。这方面，数学应用题无疑是最好的练习阵地，它的主要作用便是提升学生运用所学知识解决实际问题的能力，因此较多涉及建模问题，尤其是突出思想和方法的应用过程。笔者建议，在学习过相关理论知识后，应"趁热打铁"，适当选取一些经典的实际应用问题供学生练习和提升，即通过分析、归纳

和抽象构建数学模型，而后运用数学知识解决问题。这是培养学生数学建模意识的发展和补充，值得我们高度重视。

比如，与导数相关的实际应用问题有经济学中的边际分析、弹性问题、征税问题模型；与定积分相关的有资金流量的现值和未来值模型、学习曲线模型等；微分方程则涉及马尔萨人口模型、组织增长模型、再生资源的管理和开发的数学模型等，尤其是利用微方程模型分析一些传染病中的受感染人数的变化规律，从而探寻如何控制传染病的蔓延。总之，可用于练习数学建模的经典实际应用问题有很多，我们应合理选取和重点讲解，引导学生增强数学建模能力和解决实际问题的能力，从而获得更大的进步和发展。

综上，笔者结合教学实践，就如何在高等数学教学中培养学生的数学建模意识提出了三点浅显见解，即在概念讲解中挖掘数学建模思想、在定理学习中示范数学建模方法、在大量练习中体会数学建模的应用。当然，培养学生的数学建模意识是一个具有一定深度和广度的话题，只有在教学实践中积极探索，深入思考并善于总结，才能找到更多更有效的策略及方法，从此角度讲，本节仅为抛砖引玉，尚盼方家指教。

第二节　高等数学教学中学生能力的培养

数学在我们的学习中占有重要的位置。如何才能有针对性地对学生进行能力方面的培养，这是一个十分重要的问题。能力关乎我们的各个方面，数学能力的培养具有应用性、精确性。使自己在数学能力方面不断地发展，对自我也是一种提高。本节讨论了高等数学学生能力的培养策略。

在我们的学习中，高等数学占有重要的位置，它对于很多学科都有基本的作用，比如，学习自然科学、经济学、管理学的时候，高等数学是它们的基础，能让学习更加顺利，所以高等数学的学习对于我们至关重要，我们在高等数学方面打好基础，才能更好地学习其他各科。我们在学习的过程中不能光靠老旧的思想去学习，要加入新的思想，让学习思想变得活跃，更好地学习高等数学。我们要靠自己的实力进行学习，让自己在高等数学方面更好地发展下去，达到高等数学能力培养的目的。

一、自学高等数学的能力

自学完全依靠自己进行学习，通过查阅资料、买资料、图书馆阅读等来进行学习，但是自学的难度很大，在很大程度上依靠一颗自觉的心，这就在很大程度阻挡了自己进行自觉性的学习。学习的过程中，老师应该尊重学生的学习自觉性，让学生占据主导地位，以此来让学生养成良好的自觉学习习惯，不至于太过依赖老师，这样的话自学高等数学能力就会提高。如果我们过度依赖老师的话，自学会大幅度下降，那么高等数学自学的能力就会降低。在上高等数学课的时候，教师应该把主导地位让给学生，让学生的思维能力得到扩展，这样就会让学生得到无限的发展空间，他们会对问题进行讨论、研究，这样就会加深记忆，能力得到提升。老师采用这样的方法能让学生更加独立地进行思考，同时在自学能力方面有所提高。上课的主导权在学生手里，学生对问题、对课堂内容、对课程的章节都会有所整合，自己整理规划才是真正属于自己的东西，才能更好地把握知识，对知识有一个正确的分析能力和分辨能力。在进行思考的时候，让他们有一个思考的时间，并且自己动手，这样才能锻炼他们的能力，让他们的能力得到一定程度的提升，也让他们得到进一步发展。

二、学习高等数学的兴趣

做任何事情之前我们都要先提升自己对这件事情的兴趣，这样我们才能更好地完成它，如果我们对这件事情没有兴趣，那么我们就不会产生积极心理。所以在做一件事情的时候，我们一定要提升对它的兴趣，对高等数学也是，我们必须提升自己学习高等数学的兴趣，这样才能加深对高等数学的了解，加强对在高等数学的知识扩展能力。兴趣是我们学习任何事情的基础，我们只有对这件事感兴趣，才能更好地完成它，更好地解决它，在任何时期高等数学学习的过程中，老师一定要先提升学生学习的兴趣。我们可以通过多种方式来提升学生的兴趣，学生的兴趣是很容易被调动起来的。其实高等数学对于学生来说难度是比较大的，在调查中可以很明显地看出学生对于高等数学的学习积极性并不大，主要原因是高等数学的学习难度比较大，很多学生都学不好，饱受高等数学的困扰，这个时候我们只有调动学生的积极性，学生的兴趣才会提高，那么在学生感兴趣的基础上，学生就不会感到难度太大，同时在老师一点一点的讲解过程中，学生会跟着老师的思路走，更能让学生感觉到没有那么难。学生一方面需要克服自己的畏难心理，另一方面需要提起对高等数学的兴趣，这样才能实现良好的学习高等数学的效果，才能进行自我的提升。在老师进行高等数学教学的过程中，首先老师需要改进自己的教学方法，创造温馨融洽的学习氛围，让学生更好地融入学习中。比如，在我们讲解二元函数的偏导数时，首先，学生已经对一元函数有了明确的认识，在这个基础上，老师只需把二者进行比较，在一元函数的基础上，二元函数能够较轻松地进行教学。通过比较来进行学习，学生学习起来也会比较容易、比较轻松；学生不会感觉太难，就会增加学习的积极性，增加求知欲，这样二元函数的学习效果也得到了保障。

三、高等数学的思维能力

在我们学习的过程中，思维能力至关重要。老师要对学生的思维能力着重进行培养，比如在老师进行问题考查的时候，不要很快给出问题的答案，要给学生留有一定的思考空间，让学生进行思考，这样学生的思维能力才能提高，而且老师还可以根据课堂上讲的内容，让学生有所扩展。高等数学的发展并不是直接给出学生问题的答案，这不利于学生思维能力的发展，让学生通过类比、推理等方法进行发展，这样会得到思维能力的提升，让学生的思维变得活跃起来。学生进行学习的时候，根据不同的情况发出自己的观点，这样就会发展多种层面的思维能力，使学生的整体素质得到发展，科学思维得到显著提升。

四、高等数学的应用与创新能力

在我们学习高等数学的过程中，应该注重自身的创新能力。创新能力对于我们的学习至关重要，它是我们学习所必须具备的一项技能，也是我们不断进行自我发展、不断进行自我提高的基础。老师可以让学生自己创造出题型来做，这样就会对学生的创新能力有一个局部的提升。比如在学习参数高阶导数时，可以参照一阶导数的求导方式求出二阶导数的求导方式方法，不必非要参照课本上的求导方式。在课堂中要营造一种公平、民主的氛围，让学生进行讨论、研究，不要对学生太过限制，这样不利于学生创新能力的发展。

能力的培养在高等数学学习中至关重要，现如今是注重学生能力培养的时代，我们更应该对学生进行各方面的优质教学。

第三节　高等数学教学中数学思想的渗透与培养

在高等数学教学中，为准确把握及有效应用高等数学知识，必须具备良好的数学思想。本节将简要讨论数学思想在高等数学教学中的渗透和培养，希望在未来帮助数学教学更好开展。

针对大学生数学学习的现状，可以发现数学思想的教学在高等数学教学中具有十分重要的意义。"渗透性"是数学思想和方法应用的初始，同时教师应当带领学生在学习过程中做好小结，并且在考核时也能对数学思想方法进行有效利用。数学思维方法有目的的普及化可以最终提高学生学习数学和提高数学素养的能力。

一、数学思想在高等数学教学中的渗透意义

有利于提高学生数学能力。为提高学生数学能力，需不断提高学生的数学基础知识，但是即使提升数学知识，也不能将知识直接转换成数学能力。数学能力水平取决于数学思维方法的掌握程度。当意识达到一定高度后即发生质变，从而构成理性认识，也就是我们所说的数学思想方法。学生的认知能力提高后，数学能力逐渐形成，这对学生学习非常有利。

有利于培养学生的创新思维能力。实践意识和创新意识的培养是高等数学思维方法的首要目标。学生在具备原理后，逐渐构成类比，随后将其迁移到相关实践与学习中。学生在掌握数学思想方法后，有利于促进数学知识迁移，将知识逐渐转变成能力，最终形成二次创新。因此，将数学思维方法融入数学教学不仅可以帮助学生掌握数学知识，还可以帮助学生在掌握知识的基础上实现创新。

有利于培养学生的可持续发展能力。在未来学生就业中，数学素养对于工作韧性的建立是非常有利的，它也可以培养学生的可持续发展能力。由于教师很难在有效时间内将全部适用于未来发展的知识与方法传授给学生，所以为解决好上述问题，有必要在高等数学教学中渗透数学思维方法，使学生掌握大量策略方法和数学思想，有助于提高其自身素质，获得更广泛的知识，最终通过数学思维解决问题。因此，在高等数学教学过程中，运用数学思维方法有利于培养学生的可持续发展能力。

二、有效渗透和培养数学思想和方法

构建数学思想体。为实现深入"渗透"，首先应形成一定体系。数学思想形成一定体系后，能够使思想循序渐进地推进。作为最基础环节教师要能够通过教材知识，使学生掌握数学思想及相关概念。逐渐渗透"数学思维方法可以帮助学生理解和构建知识系统，使学到的知识不再是零散的"。当系统逐渐完备后，提高学生的数学思维能力，最终提高学习效果。数学知识是数学和方法的载体，也是数学的本质，它可以支持知识。在定理、概念和性质的教学中，教师应该继续渗透相关的数学思维方法，这也是指导学生参与结论探索、推导和发现的过程。

与实际问题相结合。想要将数学思想方法真正落实到实践中，应当将数学建模思想

作为其纽带，将思想方法与实际问题进行联系。教师可以利用实际问题、现实问题、数学建模等多个形式，展现出数学建模的本质思想，并且与学生所提出的实际问题进行联系。例如，针对北方双层玻璃问题，教师可以对学生进行有效引导，创建间层空气与玻璃、热量散失区间等数字模型，并且根据模型总结假设因素、变量、常量、数字符号之间的联系，随后与单层玻璃热量流失情况进行实际比对，帮助学生理解生活与数学知识的关系，让学生正确运用数学概念处理实际问题，最终提高学生解决实际问题的能力，也为他们未来学习数学提供动力。

将数学思维渗透到新知识中。在运用数学思想方法的过程中，离不开新知识的教学。这要求教师将新知识转化为自己的能力，整合教学内容，并且将定义所引发的定理、意义、公式等较有辨证理念的方法传授给学生。比如在学习极限过程中，首先教师可以为学生介绍知识相关背景，随后利用实际案例对极限进行讲解，再讲解定积分、导数等定义，最后运用数学思想将处理极限问题的方法展现出来，逐步渗透给学生。

在小结中提炼思想方法。数学思想是学生形成一定数学认知的基本途径，同时也是学生将数学知识转换为数学能力的重要纽带。在高等数学中相同的内容可能包含多种思维方法。在不同高等数学的相关小结中，运用思想提炼等方法能够帮助学生有效地找到学习知识的"捷径"。通过这种方法，我们可以有效地避免过度追求数学思维方法教学的问题，也可以促使学生对知识的理解有一个质的飞跃。同时，还要注重学习，着力突破学习中的困难和关键问题，并运用数学思维方法来处理这些问题。重复运用数学思想与方法对问题进行解决，最终实现对数学知识的加深和巩固。

综上所述，在高等数学教学过程中，教师应该运用数学思维方法来提炼具体知识并整合规划。在此过程中需要教师以标准的、有计划的、有针对性的数学思维方法进行深入"渗透"。另外，教师还应根据课程内容设计类别和特点，以实现数学思想的有效应用，避免流于形式。另外关于高数相关概念的学习，教师也应该运用数学思维方法，打破概念学习的抽象性，便于学生更有效地掌握概念内涵；遇到公式证明或者讲解定义时，可引导学生运用相关数学思想进行关联与思考，如发散思维、微积分思想等。需要注意的是将数学思维方法应用于高等数学教学中是一项长远细致的工作，并非一蹴而就，因此高数教师对于数学思想的渗透研究应该更加重视。

第四节　文科生在高等数学教学中的兴趣培养

大学文科高等数学教学面临的最大问题是学生的基础薄弱，数学思维与逻辑性偏差而造成的兴趣缺失。培养文科生对高等教学的兴趣是让文科生学好高等数学的前提和关键，但兴趣培养是一项针对性非常强的系统工作，必须在教学观念、教学方式、教学内容上精心安排与设计创新，同时注重与学生课后实施互动，从而增强文科生学好高等数学的信心。

文科生学数学一直是教育界的老大难问题，但数学作为学生小学到高中的必修学科，其培养学生数学逻辑思维与思辨能力的重要作用是不可替代的。高等教育虽然已进行学科分类，但仍有不少文科生需要学习高等数学，这也是打造高素质人才的应有之义。文科生学习高等数学最大的难题并不在于学习内容难易程度本身，而是在于文科生本身数学基础较理科生薄弱，对相对枯燥乏味的数学逻辑与公式有畏惧与抵触情绪。因此，对于高等数学教师来说，培养文科生对高等数学的兴趣成为文科生能否学好这门看似不属于自己擅长学科的关键所在。

高等数学的抽象性与复杂性是不少文科生进入高校接触这门学科后的第一印象。诚然，在不否认这一客观事实的情况下，文科生想要在千军万马独木桥的高考中脱颖而出，也必须在本认为比初中数学更难的高中数学上取得优异的成绩。在高中文理分班分类参加高考的现实背景下，从教学者角度来看，高中文科数学与理科数学的难易程度比其实并不高，但对于学生来说退一步可能就海阔天空，容易一些也比难一些强。从这个心理逻辑出发，可以发现文科生学习高等数学在兴趣上存在下面几个问题。

首先，高中学习模式的思维定式无法轻易打破，让文科生面对高等数学时望而却步，提不起兴趣。从普遍性角度看，一般高中分文理科时，选择文科的往往是数学成绩相对不理想的学生，也就是说，分科已经让选择文科的学生在心理上处于自卑倾向，认可自身在数学学习能力上的薄弱程度。这一思维定式一直保持到高考结束后。不少文科生并不知道进入大学后仍然需要学习数学，加上高等二字，更是雪上加霜。从考核标准来讲，高等数学考试以 60 分为及格线，远不及高考对高中数学 150 分设置的考核值高，不少文科生便抱着既然不感兴趣就应付及格的态度参与学习，自然学习效率提升不起来。从教学内容本身来讲，由高中常量到高等数学变量的转化，涉及思维方式的升级转化，对于文科生来讲，本就薄弱的数学思维逻辑更加难以转化、难以适应，更别说灵活运用或举一反三，不能形成较完整的知识体系，不少学生便采用死记硬背公式等文科式学习方法。另一方面，数学思维逻辑与现实运用关联对于文科生来说是割裂开的，也就是说文科生难以将数学学习与学习目的性和实效性有机关联起来，便产生了数学无用论等消极说法与态度，也就更难产生学习兴趣，甚至产生厌学情绪。

其次，从教师角度来看，缺乏耐心与方法的任务式教学让本来就提不起兴趣的文科生无法配合。就目前高校教师招聘门槛要求来看，高等数学教师教学水平和经验不可谓不足，但对基础较差的文科生缺少耐心和方法，甚至缺乏责任心的教师不在少数。一些教师从观念上对文科生产生"冥顽不化""笨"等歧视态度，有这种态度的高等数学教师不会花心思考虑如何提升文科生对所授学科的学习兴趣。想要教好文科高等数学的教师也存在不少对文科生水平、能力、基础把握不准的现象，难以照单抓药、药到病除，在教学方法选择上习惯性经验，不愿意为文科生做根本性改变，简单地认为面对文科生多讲点、讲细点即可，填鸭式教学并没有顾及文科生的"食量"与"胃口"，到最后还是让学生闻不到"香"。不少高等数学教师自身从事理科行业已久，不能清晰地对比文科生与理科生的差异。如果不能把握数学学科与人文学科的关联性，也就无法掌握文科生的关注点或兴趣点，无法从内心唤起文科生对数学运用的积极性与主动性。在授课方式上，不少研究表明，许多教师包括高等数学教师的授课方式会不自觉地模仿自己在学习本专业过程中授课教师的模式，不少教师很难做到分类指导、因材施教，无形中将自己的固有模式强加给文科生，也就增加了文科生的学习负担，降低了他们的自信心，使他们失去了学习高等数学的兴趣。同时，也有不少教师认为，文科高等数学并不是文科生的专业核心课程，教授得好不好，学生学得好不好、有没有兴趣，根本无足轻重。甚至有的学院自上而下不重视，文科高等数学与教师科研成绩基本很少挂钩，也不影响什么，最终一团和气，学生便更加没有了学习必要性的认识，学习也就没了兴趣。

从教育管理与专业学科设置目的来看，要求文科生学习高等数学是综合性高素质人才培养的应有之义。教育普遍化的当下，教育不再是一项简单的任务或责任，而是教育者与参与者共同的社会义务，对教育者而言培养自己专业方向的实用人才是必要的，培养综合性专业人才更是大势所趋；对学生而言，接受普遍教育，学习不同学科增长的不仅仅是知识本身，更多的是在学习中成长，将学习变成自己的习惯，用丰富的知识体系实现自身社会价值。因此，培养文科生学习高等数学的兴趣恰恰是每一名高等数学教师创新教学观念、方式和内容的第一阵地。

首先，创新教学观念，成为文科生高等数学学习的协助者和促进者。这要求高等数学教师在面对文科生教学时改变以往的观念，不能将自己简单地定位为高等数学知识的掌握者和传播者，而应该是培养学生高等数学思维方式、思辨能力的引导者。不仅需要让文科生弄懂知识，知其然也要知其所以然，授人以鱼不如授人以渔，必须注重培养学生的观察、归纳、演绎、推理能力，在提升能力的基础上不断挖掘学生兴趣，在善于思考的环境下给予文科生更多的自主空间，去消化吸收，领悟数学的"灵魂"所在，变教师主动灌输为学生主动学习，提升学生数学素质的同时，夯实学生的整体素质基础。这也要求教师加强自我要求，在自我素质不断提升的前提下，将自己的教学观念融入具体的教学实践中去，让学生感悟到数学的魅力。

其次，因材施教，有针对性地创新教学手段，让文科生在高等数学教学中品味学习的甜蜜。在高等数学课堂教学中，教师要引导学生主动参与，设计带有启发性、探索性和开放性的问题，调动他们学习思考的主动性和积极性。引导学生运用试验、观察、分析、综合、归纳、类比、猜想等方法去研究探索，在讨论交流和研究中去发现新问题、新知识、新方法，逐步找到解决问题的思路。解决一个个开放性问题，实质上就是一次次创新演练。要注意培养学生的发散思维能力，激发学生学习数学的好奇心和求知欲，使他们通过独立思考，不断追求新知、发现、提出、分析并创造性地解决问题。在课堂上，要打破以问题为起点，以结论为终点，即"问题—解答—结论"的封闭式过程，构建"问题—探究—解答—结论—问题—探究……"的开放式过程。在解题教学中，交给学生学习方法和解题方法同时，进行有意识地强化训练：自学例题、图解分析、推理方法、理解数学符号、温故知新、归类鉴别等，于过程中形成创新技能。课堂的提问、课后作业的编制应该重视推出开放性问题，只有这样，才能结合文科生特点，培养学生的创新精神和创新能力，从而提升其学习兴趣。同时，信息化引领科技时代，教学手段必须结合时代特点进行变革，在教学过程中教师要掌握并灵活充分运用多媒体技术，优化教学过程的同时，也能提升学生的学习质量，让静态的知识动起来，让抽象的知识具体化，让枯燥的知识趣味化，让复杂的知识细致清晰化。但是也要注意，对于大学文科高等数学而言，并不是所有的内容都适合运用多媒体进行演示。比如，一些例题的演算，如果只是把解题过程直接搬运到投影上，实质上也就是省去了教师板书的环节，只会让学生觉得把书本上的文字内容放到了投影上，并不明白其中抽象与具体的推理和计算过程，这样的环节无疑是无用的，相反，用板书的同时和学生进行精细化互动，启发学生的逻辑思维，可以大大提升学生的参与度与自我认可，比一味地为了用多媒体而创新效果好多了。

最后，精选教学内容，在广泛应用中让文科生感悟数学魅力。文科生的人文互动性较强，教学本身就是一种教与学的双向互动，大学文科高等数学应针对文科生的专业实际，采用其习惯的如调查研究、问答思考模式，为文科生找到学习高等数学的目的和初衷。比如高等数学中有许多文科生比较感兴趣的，能够运用到实际生活中的一元微积分、部分线性代数微分方程和概率统计等，通过教学可以让文科生从学习中立即明白，我学了之后马上能做什么，能够提升效率。这就要求教师在教学方式上多理论结合实际，多选取生活中、历史上数学运用的经典案例，少一些公式解读、枯燥罗列计算。通过案例来让文科生明白数学在社会历史发展中的重要性与必要性，少一些空洞解释和赘述，让学生自己解读感悟。同时，可以利用成功的数学模型，让学生能够明白学好数学今后能够为自己带来什么。对教师自身而言，教学内容是什么，也就是能教出、教会学生什么往往是由其自身的知识储备、能力创新、丰富的教学经验和教学技巧决定的。因此，大学文科高等数学教师还应该不断地加强学习新知识、研究新问题，提高学术理论和水平，这样才能不断将传道授业解惑推向新的高度。另一方面，高素质教师培养高素质学生、兴趣教师培养兴趣学生，培养文科生对高等数学的兴趣，教师必须不断挖掘学科内涵，将教学事业上升为兴趣和爱好，并通过自身的感染力让学生体会学好一门学科的重要性。

第五节　高等数学教学强化学生数学应用能力培养

在高等教育中，高等数学是一门极其重要的基础性学科。在高等数学的教学和学习过程中，一方面要注重学生逻辑思维能力的锻炼，另一方面要更加注重学生数学应用能力的培养，真正地实现学生的学以致用。本节首先对大部分高校中高等数学教学过程中学生数学应用能力培养的现状进行了梳理，然后对造成造成这样现状的原因进行了探析，在此基础上，从高等数学的教学方法、教学内容等方面论述了如何强化学生数学应用能力的培养。

当前，我们正处于信息技术科技高速发展的时代，信息技术的发展给我们的生活带来了很大的影响，为我们提供了很多便利。而科技的发展，离不开数学知识的运用。当前，高等数学是众多高校的基础性必修的课程。任何学科教学的目的，都在于应用与问题的解决，高等数学也是如此。高等数学教学的关键就是提高学生灵活运用数学的能力，并且在现实生活中灵活利用数学来解决问题。但当前，高等数学教学中学生应用能力的培养并没有引起重视，采用的还是传统的教学方式，并没有真正理解知识传授与应用能力培养之间的关系，而这恰恰是本节需要探讨的重点。

一、高校培养学生数学应用能力的现状

国内高校的扩张政策给予了更多学生接受高等教育的机会。高等数学作为一门基础

必修性学科，其典型的特点是严谨、科学、精准，所以在实际的教学过程中，教师的教学也遵循了它本身的特点，重点是理论知识的教授与数学问题的解答技巧和方法。这种方法本身没有错误，但并不适合所有的学生，因为有的学生本身数学逻辑思维能力较差、数学基础不牢固，单纯的教授理论知识并不能促进学生的理解与吸收，数学知识与实践应用的结合更无从谈起。这种情况下，学生学习高等数学的重要目标好像是顺利通过考试、不挂科，被动性地背题、练习，主动学习意识较差，无法真正享受数学学习的乐趣，不利于自身逻辑思维能力和数学应用能力的锻炼，长此以往，不利于自身的发展。

二、高校培养学生数学应用能力较差的原因分析

教学内容有待丰富。任何老师的教学、学生的学习都离不开教材。当前，高校应用的数学教材本身更加侧重于理论知识的严谨的推理过程，理论性比较强，这使得老师教起来与实践结合性有限，学生学起来觉得高等数学真的是"高大上"，只知其然不知其所以然，久而久之降低了学生的学习积极性。

教学方式有待更新。考试成绩是当前高校所普遍采取的一种检验学生学习效果的主要途径。在高校中，不挂科、顺利通过考试就成为终极目标，应付考试成了学生的常态。在这种学习氛围下，能独立学习、认真探究数学奥秘的学生少之又少。考试固然重要，但是教师也要注重教学过程，在教学过程中革新传统的灌输填鸭式教学方法，使学生不仅高分，还可以高能。

学生应用能力锻炼意识较为缺乏。在数学的学习中，问题解决的主要方法是数学建模，对教师而言，数学建模可以更加直观地讲解，对于学生而言，可以帮助他们更加全面、深入地了解某项数学知识。可以说，数学建模真正的是用数学的思维去解决问题。但当前，许多学生并没有建立这种通过数学模型的建立来解决问题的意识，主动探究性较弱，应用能力锻炼意识较为缺乏。

三、高等数学教学中培养学生数学应用能力的方法

丰富教学内容。高等数学的特点是知识点较多、逻辑推理较为复杂、抽象，许多学生一谈高数就会色变。当前高等数学教材并没有特别针对不同的专业设定不同的教材，专业知识和高等数学的教材内容衔接得不是很紧密，更没有进行专业能力的锻炼，所以高等数学学起来才那么晦涩难懂。所以，如果要真正地锻炼学生的数学应用能力，首先要对教学内容进行完善，使其与专业的衔接更加紧密。举例来说，如果给医学专业的学生上高等数学，影子长度的变化可以利用高等数学中的极限知识点来解答，影像中的切

线和边界可以利用导数的知识点来解决，影像的面积与体积也可以利用积分的知识来求解，这样，专业知识和高等数学的教材内容相互衔接，既可以提高学生的学习兴趣和热情，又能够锻炼学生的实际应用能力。

丰富教学方式方法。第一，优化教学导入环节的设计。良好的课堂导入可以快速抓住学生的眼球、激发学生的学习兴趣，促进学生自主思考，然后使他们带着问题去学习。所以，教师有必要优化教学设计，在导入环节应该立足于具有实际应用背景的问题，将抽象、难懂的数学问题与生活实际中的问题相结合，这样既能增加数学的学习趣味性，又能够增强学生的应用意识，使其感受到数学知识的应用其实是非常广泛的。比如，当学习积分知识点的时候，可以以"天舟一号"的发射成功为背景，"天舟一号"发射的初速度怎么用积分来计算和设计。这样，在学习的过程中，还能增强学生的爱国意识和主人翁意识，并且促使每个学生都像科研工作者一样解决每一个问题。

合理采用现代化的教学手段。当前，多媒体教学方式在高校中的应用越来越广泛，多媒体教学方式的确给我们带来了许多的便利，但我们也不能否认传统板书长久以来的重要地位，所以，可以考虑将二者有效结合。除此之外，网络教学方式可以根据实际需要合理地引入，微课、反转课堂等都是比较好的教学平台或者上课方式。以微课为例，当前很多多媒体平台中的老师都是用的这种方式，此方式简洁、高效、有趣。老师用比较灵活、易懂的方式和例子将一个个知识点进行总结概括，并整理成图片或短视频的形式进行播放，在短时间内能够吸引学生的注意力，令学生有耳目一新的感觉。当前，许多自媒体比如抖音、微视等都属于微课的方式。越来越多的老师还有效用到了网络直播的方式，在与学生互动的过程中还让学生家长参与学习过程中，效果特别好。以翻转课堂为例，相比传统的老师讲学生听的方式，这种方式可以充分给予学生参与课堂教学的机会，学生是教学的设计者，而不仅仅是参与者。

总之，合理采用现代化的教学手段，充分激发学生的学习热情，在此过程中培养学生的实际应用能力。

将数学文化和建模思想融入课堂教学中。当前高校的学生大多都是00后了，这个时代的学生最典型的特征是很有自己的想法，因此，兴趣对他们而言很重要，一味地填鸭式教学并不适合他们，他们有更强烈的探究欲望，所以，在课堂中，可以将数学文化、发展历史和建模思想融入其中。数学是怎么产生的？它的发展历史如何？有哪些特别有趣的数学家的故事？数学到底有哪些方面的应用？等等，都可以调动学生学习数学的兴趣。比如，极限这个问题，单纯讲很难懂，但是可以先讲一些故事，比如说刘徽的"割圆术"的故事，或者众所周知的龟兔赛跑等故事；讲解级数的时候，农夫分牛的故事就是很好的例子。数学建模则是将所遇到的问题转化成数学符号来解决，比如讲零点定理的时候设置椅子如何放平的问题等等。

　　本节主要论述以丰富高等数学教学内容、教学方式以及在教学过程中加入数学文化以及数学建模等方式来弥补当前高校高等数学教学中存在的不足，通过以上方式不断激发学生的学习兴趣，真正培养学生的数学应用能力，真正实现高等数学的教学目标。

第八章　高等数学教学应用

第一节　多媒体在高等数学教学中的应用

计算机的普及以及计算机自身方便、形象性强、传递信息量大等优点，非常符合现代的高校教学特点，可以完美融入现代高校的教学中，并为广大师生所接受。但世界上似乎有条永恒的定理，即"任何东西的存在都是一把双刃剑"，即使方便如多媒体，也存在着诸多问题，比如，对多媒体操作错误多、过于依赖多媒体、多媒体课件质量参差不齐等。作为新型科技的产物，不能否认计算机的存在带给高校教学的诸多便利。

一、多媒体在数学教学方面的优点

在教师制作的课件中，可以给枯燥的公式配上声音、加粗线划重点，也可以插入某某数学家的链接视频或名言，而这些东西不需要教师花费时间去写板书，因此既不浪费教师的授课时间，又可以增加教师教学教学的趣味性。

多媒体可以为数学知识在各个高校之间的传递提供便利，比如某位名校老师制作的课件，可以被各个高校的教师所引用，在一定程度上减少教育资源对重点高校的过度倾斜，使某些不知名的高校也可以获得重点高校的教学资源。

经过互联网的普及及多媒体技术的发展，目前高校教师都可以通过多媒体进行视频授课，这不仅可以减少对教学空间的使用，而且可以使更多的人通过视频在各个地方进行学习，打破了"学习必须在学校里"的传统观念，使人们抱有一种"活到老，学到老"的态度。另外，通过这种多媒体便捷式的学习，人们拥有坚实的数学基础变得更加简单。

当然，多媒体教学的优点还有很多，而优点的存在不能使我们进步，唯有发现问题、解决问题，才能使我们的多媒体教学能力有所提升。

二、多媒体在数学教学中应用存在的问题

（一）过于注重课件的"华丽"性

大量的图片、视频、声音穿插到多媒体中，看似华丽无比，其实在无形之中加大了学生的信息量，容易使学生意识不到自己学习的重点是什么。尤其是数学的教学，过于华丽的课件会破坏公式定理的神圣性，使学生不再重视这些公式定理的状态。公式定理的理解需要时间，而不是一时的刺激，过于强烈的刺激反而会使学生不知所云。

（二）板书和多媒体课件未能有效结合

数学是需要计算的学科，它需要学生熟能生巧，而不是一味地观看。高中数学教学几乎是不使用多媒体教学的，而在大学里老师使用多媒体教学的时间过多，板书和多媒体没有得到有效结合。

（三）课件的使用将减少师生互动的机会

使用课件的结果是老师在讲台上讲、学生在下面听，老师和学生的注意力几乎都在课件上面，老师忘了提问，学生忘了回答。授课变成了对课件的阅读，这样的数学学习很难有多大的效果。数学是一门对动手和动脑能力要求很高的学科，只有不断解决问题，才能提高学生的数学能力，一味地阅读只会浪费时间。

（四）老师制作课件的困难性

数学的教学和老师的教学经历有很大的关系，相当一部分教师并没有经过对计算机的专门学习，不仅制作较慢，而且质量很难保障。此外，在具体的使用时，有的老师甚至电脑的开关机都需要有专门的人员来做。而且，在课件使用过程中出现的尴尬情况也会分散学生的注意力。

三、多媒体应用于数学教学存在的问题的对策

（一）老师提高自身制作课件的水平

必要时可以找计算机专业的老师对课件进行辅助。就目前而言，我国的计算机普及性大，能够操作计算机的人相当多。而老师在制作课件时，可以与这些有数学基础的能够熟练操作计算机的老师或学生进行合作。此外，在教学时，也可以通过设置"计算机班干部"的方式辅助老师教学。

（二）在课件中融入自己的思想，不可对课本进行全抄或全划重点

老师可以把自己的思考过程做成流程图，或者把文字重新组合成自己习惯的阅读方

式等，尽量避免阅读式教学，变成有思想的教学。这样可以使学生的注意力放在教师身上，从而减少对多媒体的依赖性。老师可以在精通计算机人员的帮助下，将自己的思想表达在课件中，使复制粘贴的教学变成有思想的教学。

（三）在教学时，不要过分依赖多媒体，注意加强和学生的互动

教师要避免对课件的全篇阅读，要把目光看向学生，可以提一些简单而有趣的互动性问题，表情也不要过于木讷。在互动中学习解决问题，数学的教学也可以变得更有趣。

总之，把多媒体技术适度地融入数学教学中，不仅可以优化数学的教学方式，提高学生的学习兴趣，还能加深学生对概念的理解，提高教师的教学效率。教师也要努力掌握教育技术的技能和理论，积极参与多媒体课堂课件制作和教学设计，开展教学方法和教学模式的探索与实验，优化数学的教学过程，努力创造多媒体的数学教学情境，为数学教学现代化开辟一条新的道路。

第二节　数学软件在高等数学教学中的应用

在高等数学教学中引进数学软件，实现教学内容的直观化、交互化，可以激发学生对数学学习的积极性与兴趣，有效提升课堂教学效率，同时培养学生运用数学软件处理问题的能力。

数学课程的基本任务是要培养学生的抽象思维能力、逻辑推理能力以及对数学的应用能力、创造能力和创新能力，不断提高学生的综合素质。在当下数学教学改革的背景下，数学软件在现代数学教学中起着更加显著的作用。将教学内容与数学软件相结合，通过软件较强的数值运算、符号计算乃至图形操作能力，解决相对抽象以及烦琐的运算，不仅能够激发学生学习数学的积极性，还能够提升学生使用数学知识处理实际问题的能力。

一、数学软件的类型

现代数学教学中有许多功能强、方便使用的数学软件，如 Matlab、Mathematica、Maple、GeoGebra、Latex、几何画板等，它们都能高效地进行数学运算。例如，Matlab 在编制程序、数学建模、线性规划等问题中应用广泛；Mathemetica 是一款集符号计算、数值运算和绘图功能于一身的数学类软件；Maple 软件最突出的功能为符号计算，另外在数值计算和数据可视化方面也有着较强的能力；动态数学软件 GeoGebra，

支持多平台的应用，覆盖了数学的所有领域，是一款非常适合数学教学展示、学生自主探讨、师生互动交流的数学软件；Latex 在高校本科、研究生论文写作中深受学生喜爱，它能很好地快速编辑排版，自动输出 pdf 格式，为学生节约了大量的宝贵时间。

二、数学软件在高等数学教学中的应用

（一）辅助数值计算、节省运算时间

数学学习过程中计算占据了大部分时间，周而复始地重复计算，逐渐消磨掉了学生对数学学习的兴趣。借助数学软件来解决这些机械性的计算，可以较有效地避免诸如此类问题的产生，同时还节省了大量的学习时间。例如，化二次型为标准型是线性代数课程中的重要题型。这类题目用到的知识点多、计算烦琐。借助 Mathematica 软件，调用 Eigenvalues 和 Eigenvectors 命令，可以分别得到特征值和特征向量，然后用 Orthogonalize 命令进行 Schmidt 正交化。通过 3 个简单的命令，避免了冗长繁杂的计算，快速、高效地解决问题的同时，增强了学生学习的趣味性，这样学生更能深刻理解所学的知识，全面把握问题。

（二）动画图形展示，直观理解概念

华罗庚先生说过"数无形时少直觉，形无数时难入微"，可见数形结合的重要性，而数学软件就是通过图形深刻直观地揭示表达式中隐含的数学联系。软件的演示功能，既能活跃课堂气氛，增进师生的交流，又能促进学生积极思考，激发学习主动性。例如，定积分的概念是高等数学教学中的一个重点，也是学生学习中的一个难点。借助数学软件的动画功能，直观地演示"分割、近似、求和、取极限"的过程，可以帮助学生更好地理解"微元求和"的数学思想。数学软件的动画功能，让学生不再畏惧抽象的数学概念，并能够自然地接受和掌握抽象概念。

（三）学生自主实验，提升学生综合能力

数学实验和数学软件都是为让学生更好地掌握数学方法而引入数学课堂的，将数学实验与理论教学进行优势互补是我们将数学软件引入数学课堂的重要目的。学生熟悉或掌握一种数学软件后，通过自主实验，在实践当中学习探索及了解数学规律，并能够通过规律处理问题，不但能够深入了解所学的理论知识，还可以培养创新意识，提高独立思考并有效运用数学知识处理实际问题的能力。

随着科学技术的日新月异，数学软件的版本不断更新，其功能也在不断完善，更加方便用户的使用。数学软件在高等数学教学中得以广泛应用，大大地提高了教学效率。

但是同时要注意，数学软件给高等数学教学带来积极的影响时，也存在着消极影响，比如，数学软件的方便实用性，很容易使学生对数学软件产生依赖性，从而忽视对数学基础知识的学习。因此，为了使数学软件更好地服务于高等数学教学，我们必须扬长避短以获得教学效率最大化。

第三节　就业导向下的高等数学与应用

本节以就业指导为教学设计指引，合理论述了在高等数学与应用数学专业教学中，对专业课程教学内容设计的专业性强化、数学教师的教学手段更新以及学生就业能力的训练加强等方法，探究了就业导向下的高等数学与应用数学专业教学质量优化的有效措施。

调查数据显示，近年来，许多高校的数学与应用数学专业毕业生就业率持续走低。究其原因，是目前我国很多高校的数学与应用数学专业的课程内容过于抽象和理论化，对学生实际应用技能和就业能力的培养力度不够，致使很多学生文化成绩很好，但是实际应用能力差，无法适应社会需求，因此，相关高校和教师应当加强对于该专业的教学改革，优化教学方法和模式，从而提高学生的实际应用能力。

一、强化教学内容的专业性

教学内容的设计是高校开展数学与应用数学专业教学的基础条件之一，因此，高等数学与应用数学专业的教师要想有效地强化学生的专业知识，提高就业能力，首先，应当从基础教学内容设计入手，优化教学内容，从而为学生打好提高专业水平和就业能力的基础。专业教师可以从以下几个方面着手：第一，课程教学内容的设计要充分体现专业特色。高校的数学与应用数学专业的教学与普通的数学教学不同，它不单纯是理论知识教学，更偏向于现代社会发展中的研究型和实际应用型的人才培养，因此，高等数学与应用数学专业的教师要想提高学生的专业水平，提升学生的就业能力，就必须改变应试教育教学方法，在进行教学内容设计时，应当体现专业课程的特色，强化学生的实际应用能力培养。第二，结合就业方向开展教学内容的设计。高校要想通过教学内容的优化设计提升学生的就业能力和专业水平，就必须结合就业方向开展设计，目前社会中与数学与应用数学专业相联系的就业方向主要有金融数学方向、证券投资方向、计算机软件应用方向以及新技术方向。因此，专业教师在进行教学内容的设计时，应当有机地结合这些实际就业需求，从而提高学生就业能力和水平。

二、更新专业教师的教学方法

专业教师是数学与应用数学专业课程教学的主要引导人员，同时也是学生学习专业知识的关键人物，因此，专业教师的教学是否高效，对学生的数学与应用数学专业水平的提高和就业能力的强化有着非常重要的影响。要想提高学生的就业能力，教师应当积极更新和优化专业课程教学方法，紧跟时代发展的步伐，满足专业课程特色的需求，从而有效地激发学生的专业学习兴趣，提高学生的课堂学习效率。比如，专业教师可以采用分层次教学优化教学方法。现代教学理念明确提出，要贯彻"以人为本，因材施教"的教学理念，根据学生的实际情况来开展专业课程的教学，从而照顾到每一位学生的学习情况，提高学生的全方位专业水平，因此，高等数学与应用数学专业的教师在开展课程教学时，可以采用分层次教学的方法，根据本专业学生差异，对不同学习水平的学生开展分层次的教学。比如说，在开展《数据处理计算方法》的教学时，教师可以根据学生的数学专业基础水平和运算能力合理分配不同程度的教学目标和内容，从而有效地满足不同学生的实际专业水平训练需求，实现以人为本、科学教学。

三、加强学生就业能力的训练

学生是教学的主体，高校开展数学与应用数学专业课程教学的根本目的就是提高学生的实际专业水平和就业能力。要想有效地提升数学与应用数学专业的就业率，关键在于学生就业能力的训练，只有加强了学生的就业能力，高校才能从根本上提高数学与应用数学专业毕业生的就业率。高校专业教师可以借助学生的职业生涯规划加强学生的就业能力训练，培养学生的实际就业能力。在学生进入高校的第一年，专业教师就应当加强对学生的专业引导，指导学生开展符合自身实际的职业生涯规划。在后面的两年专业学习当中，专业教师应当加强对学生学习、生活和就业的能力指导，促进学生对于专业知识技能和实际就业需求的了解和掌握。最后，在大四这一关键阶段，专业教师应当结合学生的实际情况帮助学生有效地强化就业能力，帮助学生多积累一些就业经验，全面强化学生的就业能力。

综上所述，在以就业为导向的高等数学与应用数学专业的教学当中，高校教师应当强化教学内容的专业性、更新教学方法、加强学生就业能力的训练，从而有效地提高学生的专业水平和就业能力，为社会培养实用型和应用型人才。

第四节　数学建模在高校线性代数教学中的应用

在线性代数课堂教学中适当应用数学建模思想可以提高课堂效率，能够通过突破课堂教学难点使学生对线性代数的理解更深刻。本节首先对现阶段高校线性代数课堂存在的主要问题进行分析，提出了通过数学建模思想解决这些问题的方式以及在应用过程中应注意的问题，以推动我国线性代数教学的改革。

线性代数是对空间向量线性变化和线性代数方程组进行研究的数学课程，不仅是计量学等学科的基础工具，还在信号处理等计算机领域应用广泛，因此学生对线性代数课程进行深刻掌握，是后续数学类课程学习的重要基础。为适应社会发展的需要，我国高校部分教育重点应放在培养应用型人才上，我国曾在 2014 年提出将全国 50% 的高校转变为以培养应用型人才为教育目标的高校。本节以现阶段线性代数教学课堂中的实际情况为出发点，对线性代数教学中应用数学建模思想进行研究，以培养学生在学习中的应用能力。

一、现阶段我国高校线性代数教学中的主要问题

（一）学校对线性代数课程的重视度不足

高等数学、线性代数和概率论是目前高校设置的主要数学基础类学科，但在重视程度上，多数高校更重视高等数学的学习，这表现在两大方面：一是在课程设置上，线性代数的学时严重少于高等数学的学时，由于学习时间紧张，在课堂教学中教师会减少部分结论的推导和实际应用背景的教学，学生对线性代数的学习时间不够导致理解得不够透彻；二是在难度设置上，线性代数的学习难度相较于其他数学类学科的难度要低得多，由于课程设置少导致学校不得不将该课程的难度系数降低。

（二）学生对部分内容难以理解

相较于初等数学，线性代数课程对学生而言是一个内容较新的学科，因此学生在刚接触时会难以理解。就现阶段情况看，大部分高校的线性代数课堂的主要内容是对课本定义的讲解和证明，这种单一的课堂内容和枯燥的教学方法会使学生难以理解并对线性代数产生厌烦心理。教师在尽力讲但学生还是听不懂、不感兴趣，如在对 n 维向量空间一章中提出了线性无关和线性相关的概念，仅仅通过阐述概念无法使学生对向量的线性关系产生直观感受，对基础概念理解不好会直接影响下一步的学习。

（三）线性代数的应用性教学不强

教师在对线性代数的教学过程中忽略了对其应用方向的讲解，致使学生不了解这门课程的应用内容。部分将来打算考研究生的学生可能会重视对线性代数的理解和学习，但不考研究生的学生可能认为线性代数这门课程是无用的，因此就不会重视这门课程的学习，学习的主动性大大降低。若想增强学生学习的主动性就必须使学生了解到这门学科的重要性，并对学习内容产生更深的理解。因此在线性代数的教学中应用数学建模的思想，使学生对抽象的空间向量内容产生直观的感受。

二、在教学中适合应用数学建模的内容

（一）在难点教学中应用几何模型

直接用定义对二阶行列式和三阶行列式进行教学，学生一般都能听懂，但四阶行列式到 n 阶行列式的教学过程中再直接用定义会使教学内容更加复杂，原因是学生无法理解用该定义进行解释的根本原因是什么。因此在该教学内容中应用几何数学模型，能使学生对 n 阶行列式产生更深刻、更直观的理解。

以二阶行列式为例，以行列式的行（列）向量为平行四边形的长，另一行（列）向量为平行四边形的宽可以构造一个平行四边形，当行向量和列向量线性无关时，该二阶行列式的绝对值就是这个平行四边形的面积。通过同样的方法构造三阶行列式的几何模型，可以构造三维空间向量中的立体，该立体模型的边就是三阶行列式的三个行向量和列向量。同时要注意，对于二阶行列式中正负号的判断依据是第一行向量到第二行向量的转向方向，若方向为顺时针则行列式为正，若为逆时针则为负；对于三阶行列式的正负号判断依据是该三个向量是否遵循右手法则，若遵循则为正，反之则反。

（二）通过理论模型将各章知识点串联

理论模型依据主要指线性代数组理论，将线性方程组理论进行组合可以建立有效的方程组求解模型，该模型的建立过程可以分为三大方面。

一是建立可逆方阵的线性方程组模型，可以利用克莱姆法则以及实际和理论推导过程，推导出可逆方阵的方程组求解公式。导出模型后再根据模型结果进行分析，以判断该模型的有效性，但要注意该法则不适用于可逆方阵以外的其他方程组求解。除此之外在对逆矩阵的求解过程中也可以通过引用简单实际的题目加深学生的理解。

二是建立对一般线性方程组求解的模型，该模型的建立过程要求引入矩阵初等变换的性质，同时要对方程组有解和无解的情况进行讨论。一般线性方程组求解与逆矩阵的求解过程不同在于，该过程还要引入矩阵初等变换和矩阵的秩的定义。同样，在建立好

方程组求解模型后，还要根据模型结果对该模型的有效性进行讨论和分析，要积极引导学生对该模型的有效性质疑并针对其改进方向进行讨论。

三是对线性方程组基础解系模型的建立，该模型建立的主要目标之一是当线性方程组的解有无穷多个时，能够通过该模型将该方程组得到的无穷个解通过线性组合的形式表示。通过建立该模型进行教学，可以使学生通过模型认识到不同线性方程组在求解过程中规律的一致性，也就是说通过建立模型简化求解过程。

本节对线性代数教学中存在的问题以及通过引入模型进行改进措施展开研究，但同时在应用数学模型解决线性代数教学问题时还应注意实际问题的应用，同时还应通过布置适当的作业，加深学生对课上内容的理解。通过建立模型不仅能够使学生对数学知识加深理解，还能使学生在学习过程中提高自己的应用能力和观察能力。

第五节　高等数学教学中发展性教学模式的应用

促进学生的全面发展是开展高等数学教学发展性教学模式研究的根本目的，它的主要内容是强调评价方式的多样化和评价主体的多元化，主要关注点在于学生的差异性和个性化，注重评价过程。在高等数学教学中创建发展性教学模式不但能够使大学生有效地获取数学的知识与技能，还能够培养大学生的自主创新精神、发散思维和个性品质等，对培养高素质人才有着重要的意义，本节结合实践工作经验，阐述发展性教学模式在高等数学教学中的应用。

数学逻辑和物理学是现代科学知识研究发展的基础所在，体系、理性、逻辑和确定是其追求的根本目标，但人们往往忽视了知识的不确定性、复杂性和多变性，导致所学知识具有一定的绝对性和片面性；在后现代科学发展的视角下，知识的学习具有生成性和开放性等特点，不确定性是知识发展的重要组成部分。那么我们该如何利用知识领域的不确定性来改善传统的高效数学教学呢？我想这是每一个高等数学教师都面临的困惑和难题。

一、高等数学创建发展性教学模式的必要性

当前我国高校的传统数学教育仍然采取"说教式""填鸭式"的教学方式，教学形势依然还采取"老师讲、学生听"的传统模式，教师的思想观念落后，不能与时俱进，掌握新科技时代下的新气息，学生依然以听讲作为基本学习手段，缺乏素质锻炼，知识

结构单一，思想被压制严重。传统的教学模式主要有以下弊端：

1. 在高校的数学教学中往往忽视对学生兴趣的培养，这样学生的主观性和积极性难以得到充分的调动。

2. 依然奉行以教师为主体的传统教学模式，忽视了学生的主体地位，本末倒置，兼之高等数学授课内容繁多而又复杂，学生渐渐地失去了其主体意识，大大降低了主观能动性，思维难以得到发散。

3. 不能针对学生的个性和差异性进行教学工作，教学内容难以面向全体大学生，使教学结构良莠不齐，无法使大学生进行全方位的协调合作。

4. 传统的教学模式知识的讲解和传授都掌握在教师手里，由教师进行支配和控制，以传授知识为根本教学目的，忽略了学生的主体性，不注重教学的方法和过程，这种应试教学体系下产出的大学生严重缺乏多维化素质，各项素质不能得到全面的提高，知识与能力双轨发展严重畸形。

二、高等数学教学中发展性教学模式的内涵

（一）发展性教学理论的概念

达维多夫认为，儿童并不能够通过发展性教学或教育过程本身而得到直接发展，只有在活动形式和内容与之相匹配时，儿童心理才能够得到促进和发展。高等数学教学发展性教学模式正是由"发展性教学"衍生而来的，利用教学和人的心理发展之间存在的人为活动的因素为指导，强调教育和教学以保障学生具有完整的学习能力和相应的发散能力，保证高校大学生的个性能够得到全面的发展。

（二）发展性教学模式对高校教学的启示

首先，发展性教学模式以发展学生的理论思维为主要目标，以学生在教学过程中认知活动的主动、能动、具有个体特性的特点开展数学教学活动。教学的目标不再局限于对传统知识的内化和展现，而是集中实现对知识的改造和变革，刺激学生将知性思维转变为理性思维，根本教学目的在于强化学生自主解决实际问题的能力。

其次，发展性教学模式充分重视学生的个性化特点，注重培养学生的个性化形成。在教学过程中，重视师生间和学生彼此间的交流，促进学生养成自己的行为规范，在交流中使学生获得一定的社会经验，便于促进学生道德观念、生活方式、价值标准的形成。

最后，发展性教学模式以开展学生自主创新能力为根本前提。只有具备一定创新能力的人才能够适应当代科学与技术的迅猛发展，只有具备自主创新能力的人才能够成为

促进民族发展的原动力。发展性教学模式重点在于培养学生的理性思维，而理性思维恰好是一个人提高创新能力的根本所在。因此，发展新教学模式对于开展我国的素质教育体系是具有重要意义的。

三、如何在知识不确定下开展高等数学的发展性教学模式

（一）转变传统观念下的教学过程和教学内容

首先，要在教学过程终打破传统的"说教式"教学模式，让学生真正的以自主身份参与到对知识形成的不确定性和价值变量的判断中来，尽最大努力避免教师的权威性和个体性对知识的陈述内容和价值的影响，营造一种将任何知识都作为一种探讨的内容来与学生进行交流和讨论的课堂氛围。

其次，要在教学内容上同步讲述确定性与不确定性知识内容，知识内容不再是传统的传授范围，而是要结合知识形成的背景、条件以及与此知识相关的争议内容等，为教学的内容打开进一步探讨的空间。尊重不同的观点，刺激学生的自我理解能力。

（二）结合知识的不确定性开展新型教学形式

知识的不确定性能够打开学生的新视野，高速发展的知识体系和增长变量也能够刺激学生的发展能力和创新能力，教师要在知识世界的变化中，转变教学形式，引导学生正确面向未来，将培养学生的创新能力和创新精神作为教学形式改变的根本目的，真正实现传统教学向发展性教学模式的转变。

（三）引导学生自主参与发展性教学体系

教学活动具备一定的有序性，学生必须掌握一定的方法才能保障教学活动的顺利进行。教师在发展性教学模式中要引导学生自主参与到教学体系中来，引导学生学会如何表达自身观点，阐述与他人不同的见解；如何在学习讨论中与他人进行沟通、交流和倾听；如何见微知著，改善自身不足。刺激学生的自主参与性不仅仅在于激发学生对知识的兴趣，还在于引导学生以一种正确的思维方式进行知识的探讨、交流、总结和拓展。

第六节　大数据 MOOR 与传统数学教学的应用

MOOR（Massive Open Online Research 大众开放在线研究）是"后 MOOC（慕课）"时期在线学习模式的新样式。从现有的相关文献来看，没有 MOOR 与具体学科课堂教学整合的应用研究。MOOR 课程与传统数学课堂相结合具有重要意义。MOOR 代

表了不同的在线教学模式，拓宽了在线教育的应用范畴。MOOR 与传统教学相结合，能提高学生学习数学的兴趣。MOOR 设计需要调整教学计划，构建应用型创新人才培养模式；调整教学内容，使教学方式多样化；MOOR 课程开发应注重整体性与连贯性。

2013 年 9 月，加州大学圣地亚哥分校的帕维尔教授和他的研究生团队在 Coursera（大型公开在线课程项目）推出了一门名叫"生物信息学算法"的 MOOR 课程。在这门课程的第一部分，第一次包含了大量的研究成分。这些研究成分为学生从学习到研究的过渡提供了渠道，使得教学重心由知识的复制传播转向问题的提出和解决。MOOR 仍带有 MOOC 的"免费、公开、在线"的基因，所以它可看作是 MOOC 的延续与创新，它代表了不同的视角、不同的教育假设和教育理念。

随着网络技术的飞速发展和移动终端设备的日益普及，在信息技术日新月异的今天，社会对大学生的实践能力要求越来越高。培养学生的应用与创新能力，需要改变传统的教学模式，对有限的数学课堂教学需要延伸，而 MOOR 为我们传统的理论教学提供了一个很好的在线补充，能有效地培养学生的科研能力及创新意识和创新能力。MOOR 也为学生提供了一种个性化的学习，它让学生可以在不同时间、不同地点，根据个人的空闲时间进行在线学习、讨论、共享与交流等。MOOR 可以让学生看到数学知识的应用和实际效果。这既能培养学生学习数学的兴趣，又能提高他们学以致用的能力。

在这样的背景下，地方院校要想走稳办学之路，办出特色，全校师生都得思考将来的发展问题，包括人才培养的模式和专业的结构。我们的课堂教学更应该注重应用型、复合型人才的培养。应用型人才、复合型人才的培养势必对大学生的创新能力有着较高的要求，而提高大学生的科研能力则是培养其创新精神的主要途径。大学生科研水平的高低已逐渐成为衡量本科高校综合实力和人才培养质量的主要标准。

一、MOOR 课程与传统数学课堂相结合的意义

MOOR 代表了不同的在线教学模式，拓宽了在线教育的应用范畴。正如德国波茨坦大学克里斯托夫·梅内尔教授所说："MOOC 是对传统大学的延伸而不是威胁或者替换，它不能取代现存的以校园为基础的教育模式，但是它将创造一个传统的大学过去无法企及的、完全新颖的、更大的市场。"鉴于此，我们应该运用"后 MOOC"的思维去审视与推进在线教育，与传统教学相结合，实现信息技术对教育发展的"革命性影响"，共同提高教学质量，培养高质量人才。

当今社会信息高度发达，竞争日益激烈，无论是哪一方面的竞争，归根结底都是人才的竞争。如今的人才必须具备一定的创新意识和创新能力，否则将很难适应信息时代

的要求。事实上，如何培养学生的创新意识和创新能力一直是高校教学改革的重点和热点，也是高校教学改革研究的前沿课题，而 MOOR 在这方面具有独特的优势。

通过 MOOR 与传统教学相结合，能提高学生学习数学的兴趣，让学生认识到数学学习的重要性，培养学生利用数学知识解决实际问题的能力，让学生巩固所学书本知识。MOOR 可以培养学生的想象力、联想力、洞察力和创造力，还可以扩大学生的知识面，提高学生的综合能力。在有限的课堂上，学生对一些知识点的理解需要点拨和时间来消化，为此，学生可以借助 MOOR 提供的相应章节知识点的典型应用或者是相关研究来对知识点进行全方位的理解或补充。同时，MOOR 可以提高大学数学的教学质量，丰富教师的教学手法、教学内容，激发广大学生的求知欲，能有效地培养学生的科研和创新能力。

MOOR 不仅向学生展示了解决实际问题时所使用的数学知识和技巧，更重要的是能培养学生的数学思维，使他们能利用这种思维来提出问题、分析问题、解决问题，并提高他们学以致用的能力。

MOOR 课程的设计应按照一定的顺序和原则，围绕某个知识点深入展开，这样孤立的 MOOR 课程才能被关联化和体系化，最终实现知识的融会贯通和创新。对学生而言，MOOR 课程能更好地满足学生对不同知识点的个性化学习、按需选择学习，既可查漏补缺又能强化巩固知识，是传统课堂学习的一种重要补充。

二、MOOR 设计与探索问题

（一）调整教学计划，构建应用型创新人才培养模式

一是将 MOOR 引入大学数学教学中来，数学教学大纲，尤其是教学计划中的理论学时和实验（实践）学时需要调整。结合院校的人才培养目标定位和院校学生的专业特点，其数学教学计划也要做相应的调整。应及时更新每门数学课程的教学大纲，兼顾知识的连续性与先进性，提高课程的知识含量。二是为了充分发挥 MOOR 的作用，MOOR 的开发应有计划，突出其实用性。要根据学校条件、学生的学习支撑条件与特点，联系教学实际，科学地进行开发与应用；要聚焦于大学数学课程中学生易掌握的重点应用问题，突出"应用研究"功能，培养学生的数学思维能力与科研创新能力。

（二）调整教学内容，使教学方式多样化

MOOR 以某个数学知识点为核心，可以采用文字、图片、声音、视频等多种有利于学生学习的形式。在 MOOR 课程中，教师应尽量设置一些与现实问题联系在一起的情景来感染学生，这样对学生学习数学有积极的影响。通过吸引学生的注意，激励学生完

成指定的任务，从而进一步培养学生解决实际问题的能力和科研创新能力。课堂学习与 MOOR 课程学习相结合，要注重实效性。

（三）MOOR 课程开发应注重整体性与连贯性

MOOR 课程也能促使教师对教学不断思考，让他们把自己从教学的执行者变为 MOOR 课程的研究者和开发者，激发教师的创造热情，促进教师成长，提高教师的科研能力，让教师实现自我完善，为教师的教研和科研工作提供一个现实平台。

不管哪种课程改革模式，目的都是培养学生自主学习、终身学习的能力，培养学生主动参与、乐于探究、勤于动手、获取新知识、分析解决问题的能力。在通信发达、网络普及的今天，教育必须与时俱进，充分发挥信息化的优越性，让教育网络化，让教育信息化。MOOR 这个集网络、信息于一身的新生事物也应伴随我们教师和学生的学习成长。

MOOR 就是一个创新的在线教育模式，它是培养学生在学习过程中，以现有知识为基础，结合当前实践，大胆探究，积极提出新观点、新思路、新方法的学习活动。而科学研究本质上就是一个创新的过程，科研活动是创新教育的主要载体。通过科研活动，可以有效培养大学生的创新意识和创新思维，提升大学生的创新技能。科学研究是实现科技创新的必然途径，大学生科研创新能力培养和提升是一项旨在培养大学生基本科研素质的实践性教学环节，有着重要的意义。

总之，对于 MOOR 这样的新生事物，我们要积极研究和探索，取其所长，避其所短，既不能盲目跟风，又不能一概排斥，忽视现代化手段带来的积极作用。可以说，MOOR 的应用对院校的特色化以及可持续健康发展有着重要的意义。

参考文献

[1] 苏建伟.学生高等数学学习困难原因分析及教学对策[J].海南广播电视大学学报，2015(2)：151-154.

[2] 温启军，郭采眉，刘延喜.关于高等数学学习方法的研究[J].吉林省教育学院学报，2013(12)：1-3.

[3] 杨兵.高等数学教学中的素质培养[J].高等理科教育，2001(5)：36-39.

[4] 黄创霞，谢永钦，秦桂香.试论高等数学研究性学习方法改革[J].大学教育，2014(11)：19-20.

[5] 刘涛.应用型本科院校高等数学教学存在的问题与改革策略[J].教育理论与实践，2016，36(24)：47-49.

[6] 徐利治.20世纪至21世纪数学发展趋势的回顾及展望(提纲)[J].数学教育学报，2000，9(1)：1-4.

[7] 徐利治.关于高等数学教育与教学改革的看法及建议[J].数学教育学报，2000，9(2)：1-2，6.

[8] 王立冬，马玉梅.关于高等数学教育改革的一些思考[J].数学教育学学报，2006，15(2)：100-102.

[9] 张宝善.大学数学教学现状和分级教学平台构思[J].大学数学，2007，23(5)：5-7.

[10] 夏慧异.一道高考数学题的解法研究及思考[J].池州师专学报，2006，20(5)：135-136.

[11] 赵文才，包云霞.基于翻转课堂教学模式的高等数学教学案例研究：格林公式及其应用[J].教育教学论坛，2017(49)：177-178.

[12] 余健伟.浅谈高等数学课堂教学中的新课引入[J].新课程研究，2009(8)：96-97.

[13] 江雪萍.高等数学有效教学设计的探究[J].首都师范大学学报（自然科学版），2017(6)：14-19.

[14] 茹原芳，朱永婷，汪鹏.新形势下高等数学课程教学改革与实践探究[J].教育

教学论坛，2019（09）：143-144.

[15] 谌凤霞，陈娟."高等数学"教学改革的研究与实践 [J]. 数学学习与研究，2019（07）：19.

[16] 王冲."互联网 +"背景下高等数学课程改革探索与实践 [J]. 沧州师范学院学报，2019（01）：102-104.

[17] 王佳宁. 浅谈高等数学课程的教学改革与实践研究 [J]. 农家参谋，2019（05）：179.

[18] 中华人民共和国教育部. 普通高中数学课程标准 [M]. 北京：人民教育出版社，2017.

[19] 李文林. 数学史概论（第 3 版）[M]. 北京：高等教育出版社，2011.

[20] 沈文选，杨清桃. 数学史话览胜 [M]. 哈尔滨：哈尔滨工业大学出版社，2008.

[21] 曲元海，宋文媛. 关于数学课堂内涵的再思考 [J]. 通化师范学院学报，2013，34（5）：71-73.